Suchetan P. A.
Naveen S.

Cocristais de Sulfas

Suchetan P. A.
Naveen S.

Cocristais de Sulfas

Das estruturas às aplicações

ScienciaScripts

Imprint
Any brand names and product names mentioned in this book are subject to trademark, brand or patent protection and are trademarks or registered trademarks of their respective holders. The use of brand names, product names, common names, trade names, product descriptions etc. even without a particular marking in this work is in no way to be construed to mean that such names may be regarded as unrestricted in respect of trademark and brand protection legislation and could thus be used by anyone.

Cover image: www.ingimage.com

This book is a translation from the original published under ISBN 978-620-8-17051-6.

Publisher:
Sciencia Scripts
is a trademark of
Dodo Books Indian Ocean Ltd. and OmniScriptum S.R.L publishing group

120 High Road, East Finchley, London, N2 9ED, United Kingdom
Str. Armeneasca 28/1, office 1, Chisinau MD-2012, Republic of Moldova, Europe
Managing Directors: Ieva Konstantinova, Victoria Ursu
info@omniscriptum.com

Printed at: see last page
ISBN: 978-620-8-50276-8

Conteúdo

P.A. Suchetan[1]* e S. Naveen[2]
[1] Departamento de Estudos e Investigação em Química, University College of Science,
Universidade de Tumkur, Tumakuru-572103, Índia.
[2]Departamento de Física, Faculdade de Engenharia e Tecnologia, JAIN (Deemed-to-
be University), Bengaluru-562112, Índia.
Autor correspondente: pasuchetan@gmail.com

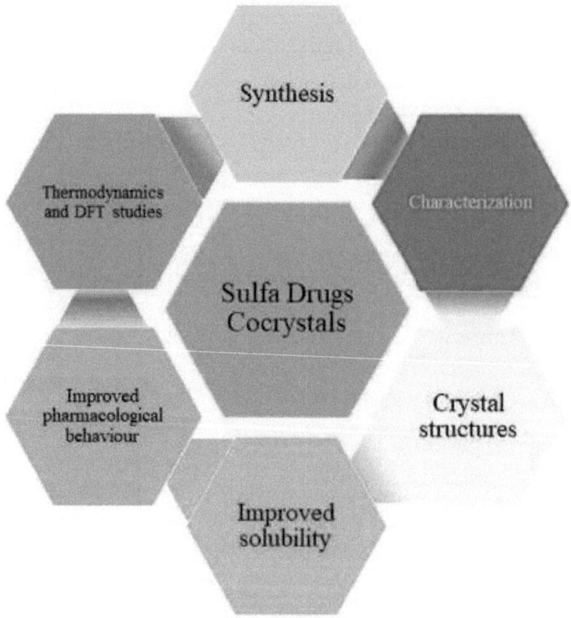

Resumo do livro

As sulfas são agentes antimicrobianos altamente eficazes contra as infecções bacterianas. No entanto, perdem o seu lugar no mercado em relação a outros medicamentos disponíveis no mercado devido à sua baixa solubilidade e/ou permeabilidade. São medicamentos da classe II ou da classe IV na classificação BCS e, por conseguinte, têm de ser consumidos em doses maiores para uma medicação eficaz. O consumo de medicamentos em doses maiores pode levar a complexidades/efeitos adversos (que são resumidos na introdução) e também não é uma estratégia comercial ideal. Embora as sulfas tenham sido substituídas no mercado farmacêutico por outros ingredientes farmacêuticos activos (API), continuam a ser úteis devido ao seu baixo custo e à sua ação eficaz contra doenças bacterianas comuns. Por conseguinte, a resolução dos seus problemas de solubilidade e permeabilidade continua a ser válida. Uma das estratégias geralmente utilizadas para melhorar a solubilidade dos API é a utilização dos princípios da engenharia de cristais, em que as formas sólidas dos API são formuladas como cocristais com diferentes coformadores bioaceitáveis. Embora existam outras formas de formular formas sólidas de IFAs, como sais, eutécticos, solvatos/hidratos, polimorfos, etc., a co-cristalização é considerada de longe a forma mais eficaz de formulação sólida, uma vez que não compromete a integridade estrutural química da molécula do IFA e, além disso, melhora diferentes propriedades, como a solubilidade, a comensurabilidade, a estabilidade, a higroscopicidade, etc. Este livro resume a síntese, a caraterização, os estudos estruturais e as aplicações de cocristais de vários fármacos sulfa comercialmente importantes com diferentes tipos de coformadores citados na literatura. Além disso, são abordadas brevemente outras questões relevantes, tais como métodos de preparação de cocristais, regras gerais para prever o sucesso da formação de cocristais, diferentes técnicas de caraterização, etc.

<table>
<tr><td>Dr. Suchetan P. A.
O Dr. Suchetan P. A. é atualmente Professor Associado de Química na University College of Science, Universidade de Tumkur, Tumakuru, Índia. Tem uma experiência de ensino e investigação de 15 anos e serviu a administração da universidade e da faculdade em diferentes cargos, como o de secretário-adjunto dos académicos, exames e funcionário especial. O seu principal interesse de investigação é a cristalografia química relacionada com pequenas moléculas orgânicas. O seu interesse atual de investigação é explorar as capacidades de certas classes de moléculas orgânicas como agentes eficientes de formação de cocristais. Publicou mais de 200 artigos de investigação em revistas internacionais de renome e orientou com sucesso dois estudantes para o grau de doutoramento. Atualmente, quatro candidatos estão a obter o grau de doutoramento sob a sua orientação.</td><td></td></tr>
<tr><td>Dr. Naveen S
Nascido em 20 de julho de 1980, o Dr. Naveen S é um cientista e educador distinto com mais de 18 anos de experiência em Física na descoberta de medicamentos. Detentor dos graus de M.Sc. e Ph.D. da Universidade de Mysore, a sua carreira inclui cargos no AIIMS, em Deli, e no IISc, em Bangalore. Publicou 300 artigos em revistas internacionais de grande impacto, foi autor de 8 capítulos de livros e de um livro. Recebeu prémios como o Most Number of Publications Award, reflectindo as suas contribuições para o avanço científico global, e continua a inspirar futuros cientistas através da educação e da investigação.</td><td></td></tr>
</table>

Agradecimentos

Estou grato aos meus alunos de doutoramento por me terem ajudado na recolha de artigos de referência necessários para a preparação deste livro. Estou em dívida para com a minha mulher, Varsha, pela sua paciência e apoio durante a redação deste livro. Agradeço também às autoridades da Universidade de Tumkur e da University College of Science Tumakuru pelo seu apoio administrativo.

Dr. Suchetan P.A.

Estou grato à JAIN (Deemed-to-be University), Bengaluru, por ter sancionado os fundos ao abrigo do projeto menor JU/MRP/SET/7/2022.

Dr. Naveen S.

CAPÍTULO 1

INTRODUÇÃO

CAPÍTULO 1
INTRODUÇÃO

O Capítulo 1 apresenta uma breve introdução aos fármacos à base de sulfa - as suas estruturas e aplicações, e também discute brevemente os cocristais - as suas implicações e aplicações. O capítulo também aborda uma breve pesquisa bibliográfica sobre diferentes métodos de síntese de cocristais, várias técnicas disponíveis para a caraterização de cocristais e algumas propriedades salientes de cocristais com exemplos típicos que enfatizam as suas implicações e aplicações. São discutidas as limitações dos fármacos à base de sulfa devido aos seus problemas de solubilidade e permeabilidade, e a abordagem deste problema do ponto de vista da co-cristalização. Os fármacos sulfa (SDs), uma classe de moléculas farmacêuticas, são agentes antimicrobianos altamente eficazes contra infecções bacterianas[1]. As SDs partilham uma porção comum de p-amino-benzenossulfonamida (Esquema 1); o grupo p-amino é essencial para a atividade antibacteriana, enquanto o grupo sulfonamida $-SO_2-NH-$ é necessário para controlar a solubilidade, a potência e a propriedade farmacocinética[1]. O uso de SDs no tratamento de infecções bacterianas remonta a 1932, quando o fármaco sulfonamido-crisoidina (prontosil vermelho) foi relatado para tratar a infeção por *Streptococcus* em ratos e foi considerado altamente eficaz[2]. Posteriormente, vários SDs foram sintetizados e relatados por suas diversas atividades biológicas, como antimicrobiana, anticâncer[3], antiHIV[4], anticonvulsivante[5] e antidiabética[6].

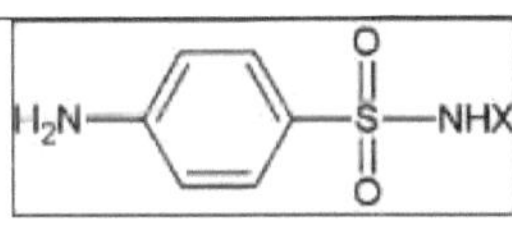

Esquema 1. Estrutura geral da sulfonamida, ou seja, dos fármacos sulfa SD.

As SDs actuam ligando-se e inibindo uma enzima específica denominada dihidropteroato sintase (DHPS), que é essencial para a síntese de folato, que serve de nutriente para as bactérias. As bactérias produzem folato por si próprias através da reação catalisada pela DHPS entre o 6-hidroximetil-7,8-dihidropterina-pirofosfato (DHPP) e o ácido *p-aminobenzóico* (PABA). Apesar de apresentarem diversas actividades biológicas, a resistência dos SDs aos antibióticos continua a ser uma grande preocupação sob dois aspectos: 1) As bactérias resistentes à SD sofrem frequentemente mutações na enzima DHPS. 2) O mecanismo da reação química que ocorre entre a DHPP e o PABA é desconhecido. Embora o mecanismo de ação destes fármacos tenha permanecido indefinido durante muitos anos, o recente trabalho realizado através do isolamento da enzima DHPS de duas espécies bacterianas, nomeadamente, *Bacillus anthracis* (conhecida por causar antraz) e *Yersinia pestis* (uma bactéria causadora de peste)[7], e a incorporação de DHPP e PABA nos cristais da enzima e o estudo das suas estruturas de alta resolução em diferentes fases da reação utilizando a cristalografia de raios X revelaram a reação exacta entre DHPP e PABA. O trabalho também revelou como e onde as mutações DHPA ocorreram nas bactérias resistentes à SD e, assim, oferece a oportunidade de conceber uma nova classe de inibidores direcionados para a DHPS que evite os efeitos secundários e os problemas associados às SDs. Muitos novos medicamentos antibacterianos e antimicrobianos substituíram agora a maioria dos medicamentos de sulfonamida. No entanto, as SDs continuam a ser utilizadas devido ao seu baixo custo e à sua ação eficaz contra doenças bacterianas comuns[8]. As propriedades/aplicações biológicas/limitações/efeitos colaterais das SDs discutidas neste livro estão resumidas na Tabela 1.1.

Uma das desvantagens das SDs que limita a sua utilização comercial como fármaco eficaz é a sua fraca solubilidade e permeabilidade aquosa, uma vez que a maioria delas são fármacos da classe II ou da classe IV da BCS. Por conseguinte, estes fármacos, para mostrarem eficácia, têm de ser consumidos em doses maiores. O consumo de SDs em doses excessivas leva a efeitos secundários adversos (alguns dos quais são mencionados no Quadro 1.1) e, por conseguinte, perdem o seu lugar no mercado para outros medicamentos disponíveis no mercado. Esta questão não é nova na indústria farmacêutica, uma vez que a maioria dos fármacos (devido aos seus sítios hidrofóbicos significativos) pertence à classe II ou à classe IV da classificação BCS e sofre do problema da menor solubilidade e da fraca permeabilidade.

Quadro 1.1 Resumo dos SDs abordados neste livro.

Nome do SD	Código	Estrutura	pKa	BCS	Aplicações	Limitações
Sulfametazina	SMZ	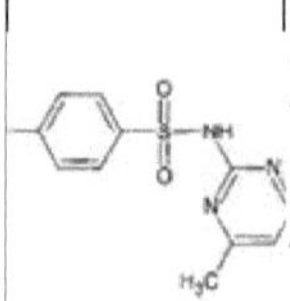	2.07; 7.49[9] 2.28; 7.42[10]	II	Tratamento de uma variedade de doenças bacterianas em medicina humana e veterinária[14]; Tratamento da malária, clamídia, toxoplasmose, febre reumatoide e infeção do trato	Hipersensibilidade, fotossensibilidade, vómitos quando consumido em doses elevadas[14]

					urinário em humanos.	
Sulfamerazina	SMR	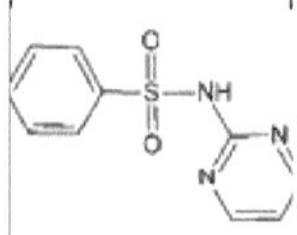	2.06; 6,90[9] 2.17; 6.77[10]	II	Um agente antibacteriano[15,16]. A sulfa tripla (trissulfapirimidina), que é uma combinação de SMR, SMT e SDZ, é utilizada no tratamento da infeção vaginal[17].	Baixa solubilidade aquosa
Sulfametoxazol	SMX	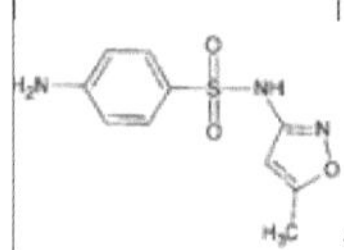	1.85; 5.60[9] 1.83; 5.57[10]	IV	Tratamento de infecções bacterianas	Baixa solubilidade aquosa e permeabilidade
Sulfadiazina	SDZ	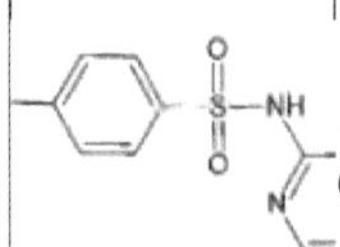	2.10; 6.28[10]	IV	Utilizado no tratamento do cancroide, do tracoma e de infecções do trato urinário; o complexo Ag^{1} da SDZ é utilizado em cremes tropicais[18]	Podem ocorrer efeitos secundários como náuseas, vómitos, diarreia, perda de apetite ou dores de cabeça
5-metoxisulfadiazina	5MSDZ		NA	NA	NA	NA

		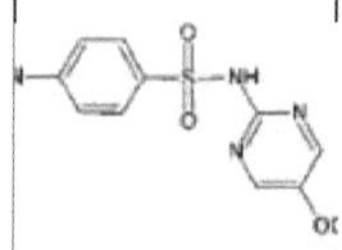				
Sulfadimetoxina	SDM	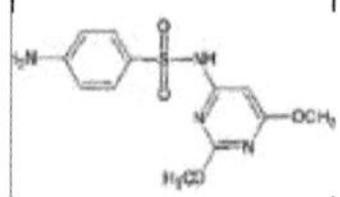	2.13; 6.08[9] 1.87; 5.86[10]	NA	Utilizado no tratamento de infecções dos tecidos moles, entéricas, respiratórias e do trato urinário.	Quase descontinuado devido aos seus efeitos adversos
Sulfatiazol	STZ	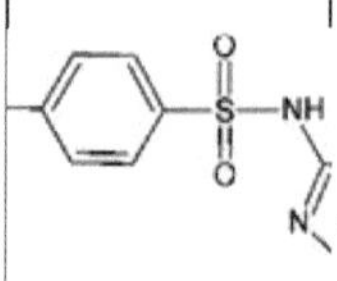	2.01; 7.11[9] 2.08; 7.07[10]	II	Utilizado como agente antibacteriano em medicina veterinária; tratamento tópico de infecções vaginais e é também utilizado com outros medicamentos no tratamento de infecções cutâneas e oculares.	Baixa solubilidade aquosa
Sulfacloro-piridazina	SCPZ	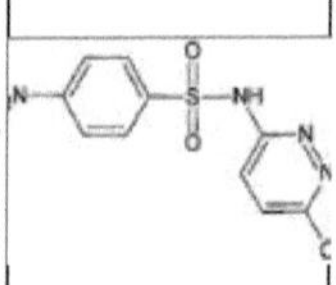	1.87; 5.45[9]	NA	Tratamento das infecções do trato urinário e em medicina veterinária[19]	NA

Sulfametoxi-piridazina	SMPZ	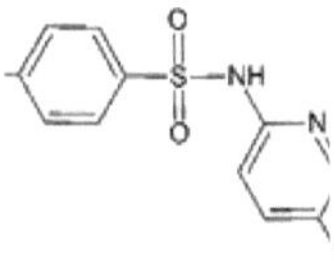	1.87; 5.45[9] 2.09; 6.95[10]	NA	Um agente anti-infecioso, um CE 2.5.1.15 (inibidor da dihidrogenossintetase) e um alergénio medicamentoso; tratamento de úlceras do trato urinário, inflamações, gonorreia e bronquite.	A sua utilização foi praticamente suspensa devido a efeitos adversos[20]
Sulfametrole	SMT	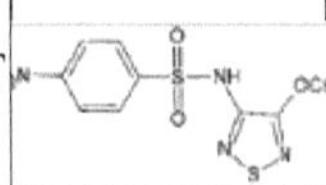	1.9; 5.51[11]	NA	Uma combinação de SMT com trimetoprim é um agente antibacteriano[21]	NA
Sulfapiridina	SPY	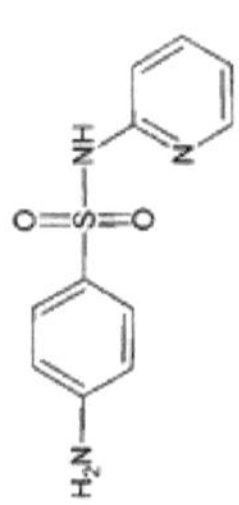	2.14; 5.51[11]	NA	Tratamento do pioderma gangrenoso, do penfigoide benigno das mucosas e da dermatite herpetiforme	Já não é prescrito para o tratamento de infecções humanas. Pode ser utilizado no tratamento da doença linear por IgA e tem utilização em medicina veterinária. As probabilidades de cristalização devido à fraca solubilidade aquosa na bexiga ou na uretra são elevadas. Isto pode provocar dor ou mesmo obstrução. Existe um risco

						significativo de agranulocitose.
Sulfassalazina	SSZ	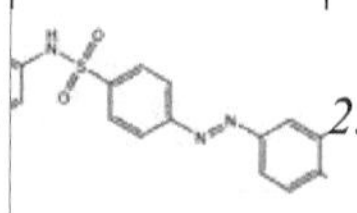	2.70>(n)	IV	Um medicamento antirreumático utilizado no tratamento de doenças do intestino grosso e da artrite atrófica[22]	A sulfassalazina tem baixa solubilidade e permeabilidade[23]
Sulfametiazol	SMH	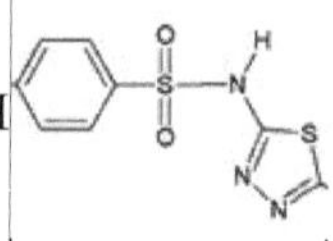	1.95; 4.63[13]	NA	Um antibiótico[24]	Tem uma solubilidade aquosa elevada em comparação com outros SDs. Mas, devido à sua curta semi-vida de eliminação in vivo, a biodisponibilidade é fraca.[2526]

Sólidos multicomponentes

Uma das estratégias para ultrapassar as limitações dos SDs, nomeadamente a sua menor solubilidade aquosa e permeabilidade, consiste em funcionalizar a molécula do fármaco através da preparação de sólidos multicomponentes[27]. Um sólido multicomponente pode ser um sal, um cocristal, um solvente/hidratado ou uma forma eutéctica do fármaco obtida através da combinação da molécula do fármaco com uma molécula/solvente adequada, que pode ser um ingrediente farmacêutico ativo (API) ou uma molécula geralmente considerada segura (GRAS)[28]. De entre estas opções, a transformação de um SD (ou de qualquer fármaco, nesse caso) num sal ou num cocristal é considerada a opção mais viável[27]. Qualquer fármaco, para ser solúvel em meio aquoso, contém geralmente pelo menos um sítio hidrofílico, ou seja, um sítio ácido ou básico (grupo carboxílico, grupo amina, etc.). Quando o grupo ácido/básico do fármaco interage com outra base/ácido, dá origem a um sal ou a um cocristal. Se a reação entre o fármaco e a espécie adicionada resultar na transferência de um protão, então o resultado é um sal[20]. As formas salinas dos fármacos são uma alternativa para ultrapassar o problema da solubilidade do fármaco, uma vez que os sais apresentam geralmente uma maior solubilidade aquosa devido à natureza iónica e à presença de ligações de hidrogénio assistidas por carga existentes na sua estrutura. A maioria dos medicamentos comerciais disponíveis no mercado encontra-se geralmente na forma de sal. No entanto, a maior preocupação com esta estratégia é que a natureza química do fármaco se altera durante a formulação do sal e, por conseguinte, pode alterar a sua natureza farmacológica. Por conseguinte, nestas circunstâncias, não basta avaliar a melhoria da solubilidade e da permeabilidade do API formulado, sendo necessário reexaminar todo o processo de seleção de medicamentos desde o início[29]. Isto pode ser moroso e economicamente inviável. Uma alternativa aos sais são os cocristais. De acordo com a U.S. Food and Drug Administration (USFDA), um cocristal é definido como "sólidos que são materiais cristalinos compostos por duas ou mais moléculas na mesma rede cristalina"[30]. O cocristal também foi definido como "uma formação de um complexo molecular de um ingrediente farmacêutico ativo e uma segunda molécula que normalmente requer ligações de hidrogénio complementares entre os dois componentes"[31]. São materiais sólidos monofásicos, neutros e cristalinos. São constituídos por dois ou mais compostos sólidos moleculares e/ou iónicos diferentes, numa relação estequiométrica definida, e são diferentes dos solvatos e dos sais. Um cocristal farmacêutico é aquele em que pelo menos uma das moléculas é um IFA e a outra é uma molécula farmaceuticamente aceitável[32].

A vantagem das formas de cocristais dos IFAs em relação aos sais é que os cocristais, tal como os sais, melhoram as propriedades físico-químicas, como as mecânicas, térmicas, a taxa de dissolução, a solubilidade, etc., do IFA, mas, ao contrário dos sais, o comportamento farmacológico dos IFAs não é afetado nas formas de cocristais, uma vez que não sofrem qualquer alteração na sua estrutura química[29-35]. As vantagens adicionais dos cocristais em relação aos sais são 1) A formação de sais deve-se à reação entre pontos únicos (grupos funcionais) de ácido e base e, pelo contrário, nos cocristais, o IFA e um coformador podem interagir através de múltiplos pontos moleculares. 2) Uma vez que a cocristalização envolve múltiplos pontos moleculares de interação, a cocristalização não se limita a combinações binárias; mesmo as combinações ternárias e quaternárias são também possíveis na prática, o que pode solucionar problemas de solubilidade quando as combinações binárias não oferecem nenhuma solução[34]. 3) Utilizando técnicas de cocristalização, é possível adaptar o IFA à solubilidade desejada e à dissolução dependente do pH, mesmo quando o IFA não é ionizável[35]. A síntese de cocristais raramente é fácil, uma vez que a sua formação depende de vários factores, tais como a presença (e também a posição) de grupos funcionais complementares no IFA e no coformador (a molécula com a qual o IFA forma cocristais), a diferença de pKa entre as duas moléculas combinadas, a solubilidade dos dois sólidos individuais em vários solventes, a semelhança estrutural (a formação de cocristais exige geralmente que as duas moléculas componentes tenham forma e tamanho semelhantes para que ambas possam ser acomodadas numa única rede cristalina), etc. No entanto, uma seleção cuidadosa do coformador, seguindo certas regras empíricas[27] para a co-cristalização, aumentará as hipóteses de obtenção de cocristais. Alguns dos métodos para a preparação de cocristais são a co-moagem (moagem no estado sólido e moagem assistida por líquido), cristalização com solvente, nomeadamente evaporação da solução, método de lama, cristalização por fusão, co-cristalização assistida por ultra-sons, etc.[(36)]. Os cocristais são caracterizados por métodos térmicos, como a calorimetria diferencial de varrimento (DSC), a análise termogravimétrica (TGA), etc., estudos de diagramas de fase binários (térmicos) e ternários (API-coformador-solvente; durante a experiência de cristalização em solução), e estruturalmente por FT-IR, NMR em solução e em estado sólido, espetroscopia Raman, difração de raios X em pó (PXRD) e estudos de difração de raios X de cristal único[37].

O principal critério para uma formação bem sucedida de um cocristal é que a força das interações intermoleculares/ligações de hidrogénio entre as duas moléculas diferentes (ou seja, API e um coformador) deve ser maior do que as presentes nas estruturas individuais. Caso contrário, resultariam numa mistura física ou num eutéctico. Assim, as moléculas que contêm grupos funcionais de ligação de hidrogénio múltiplos e complementares são candidatas adequadas para a formação de cocristais. As moléculas da família SD contêm múltiplas funcionalidades doadoras e aceitadoras de ligações de hidrogénio (Esquema 1 e Tabela 1.1), pelo que são candidatas adequadas à formação de cocristais. Além disso, as suas múltiplas funcionalidades de ligação de hidrogénio, juntamente com a sua capacidade de adaptar diferentes conformações (os SDs podem existir na forma de amidina ou imidina e, por conseguinte, podem ter flexibilidade conformacional) com base no ambiente cristalino, oferecem flexibilidade aos grupos funcionais formadores de sintetizadores, permitindo-lhes assim formar uma gama diversificada de sintetizadores homo e hetero-supramoleculares com uma variedade de coformadores. Isto desempenha um papel crucial na determinação da taxa de sucesso da cristalização de um SD em múltiplas formas sólidas, como cocristais, eutécticos, sais, sólidos coamórficos, solvatos, polimorfos, etc.[27]. Este livro discute e resume os aspectos de síntese, estrutura e aplicação de vários cocristais relevantes de SDs (listados na Tabela 1.1), enfatizando assim a importância dos cocristais baseados em SDs no campo farmacêutico. O livro realça particularmente a flexibilidade estrutural dos SDs (estruturas tautoméricas da amidina e da imidina no estado sólido), o que lhe confere uma liberdade confirmatória para interagir com um conjunto diversificado de coformadores, conduzindo a cocristais estruturalmente variados (com diferentes embalagens cristalinas através de diferentes tipos de interações) e, por conseguinte, a aplicações farmacológicas variadas. Não estão incluídas as literaturas que abordam exclusivamente sais, eutécticos e solvatos de SDs. No entanto, sempre que uma discussão sobre formas multicomponentes que não sejam formas de cocristais de SDs é considerada relevante, a mesma foi abordada adequadamente.

CAPÍTULO 2

COCRISTAIS DE SULFAMETAZINA

CAPÍTULO 2
COCRISTAIS DE SULFAMETAZINA

O Capítulo 2 descreve os cocristais de sulfametazina com diferentes coformadores relatados na literatura, enfatizando especialmente sua síntese, estudos estruturais, estudos de fase e estabilidade e aplicações.

A revisão da literatura sobre cocristais de SDs indica que a sulfametazina (SMZ) é um formador de cocristais eficiente entre todos os SDs, uma vez que a maior parte do trabalho sobre cocristais à base de SDs tem utilizado a SMZ. A SMZ forma cocristais com um conjunto diversificado de coformadores que inclui ácidos carboxílicos, amidas, aminopiridinas, aminas, etc. A Tabela 2.1 resume os cocristais de SMZ registados na literatura. U. Patel e seus colaboradores estudaram a estrutura cristalina do cocristal de SMZ - ácido salicílico (SA)[38]. A molécula de SMZ, no cocristal, existe como tautómero de amidina. A unidade assimétrica consiste numa molécula de cada SMZ e SA que coexistem através de uma amidina...carboxílica $R_{2}^{2}(8)$ heterodimérica (Figura 1a), compreendendo ligações de hidrogénio N-H...O e O-H...N entre os átomos de azoto imino e pirimidina da SMZ e o grupo carboxílico do SA. Ambos os protões amino de SMZ estão envolvidos em ligações de hidrogénio separadas com os átomos de oxigénio sulfonil ($N\text{-}H_{SMZ}.O_{sulfonil}$) das moléculas de SMZ relacionadas com a simetria. A estrutura contém um padrão de fortes ligações de hidrogénio que interligam grupos de quatro moléculas de SMZ e pares de SMZ e SA. Também se observam na estrutura interações de empilhamento $\pi.\pi$ entre anéis aromáticos de SMZ e SA.

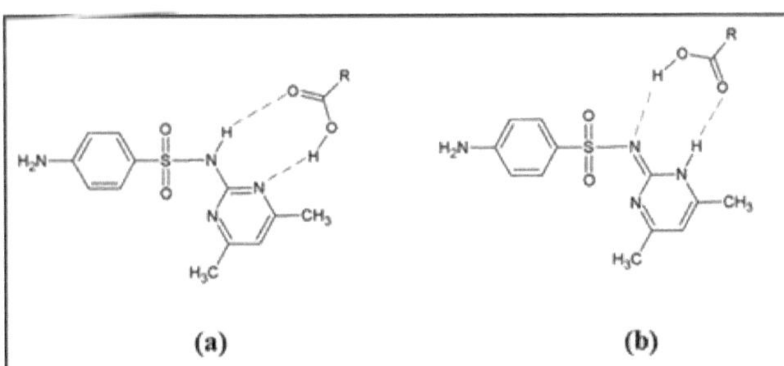

Figura 1. Esquema da interação amidina... ácido (a) e imidina... ácido (b) existente em cocristais de SMZ com ácidos carboxílicos.

Estruturas cristalinas de cocristais de SMZ com ácido 2-aminobenzóico (2AB) e O ácido 4-aminobenzóico (PABA) foi descrito há muito tempo. M. R. Caira relatou estruturas moleculares e cristalinas de ambos os cocristais na proporção molar de 1:1[39]. O cocristal de SMZ com PABA é de particular interesse, uma vez que são análogos estruturais um do outro, e que as sulfonamidas imitam o

PABA e, assim, inibem a síntese do ácido dihidrofólico (que é metabolizado pelo PABA). Em ambas as estruturas, a SMZ adopta a forma de amidina e está associada ao coformador ácido por um heterossintão amidina-ácido robusto, tal como observado no cocristal SMZ-SA[38].

As estruturas cristalinas de ambos os cocristais são ainda mais alargadas através de interações adicionais mais fracas do tipo N-Hamino...Osulfonil, N-Hamino...Ocarbonil e N-Hamino...Namino. A torção Carm-Carm-S-N (aromática) da molécula de SMZ no cristal de SMZ livre[40], SMZ-2AB e vários outros

Os cocristais relacionados com SMZ situam-se no intervalo de 95-136$^{(o), o}$ que implica que um dos dois átomos de sulfonilo O é quase coplanar com o anel fenilo, enquanto o outro está fora deste plano[41]. O cocristal SMZ-PABA, no entanto, é uma exceção a esta situação, uma vez que a molécula de SMZ neste cocristal apresenta um valor sem precedentes de 164,6(2)^{o}. Este valor corresponde a uma conformação invulgar da SMZ em que o plano do anel fenílico é atravessado pelos dois átomos de oxigénio sulfonílico[39].

M.R. Caira, num trabalho separado, relatou estruturas moleculares e cristalinas de

cocristais 1:1 de SMZ com ácido acetilsalicílico (aspirina-AS) e ácido 4-aminosalicílico (4-AS)[42]. O cocristal de SMZ-AS é de interesse farmacêutico

Tabela 2.1. Cocristais/sólidos multicomponentes de SMZ com diferentes coformadores registados na literatura.

Coformador e código	**Resultado**	**Conformação de SD em cocristal**	**Método de síntese**	**Ref Não.**
Ácido salicílico (SA)	1:1 cocristal	Amidina	Solvente Evaporação (SE)	38
Ácido 2-aminobenzóico (2AB)	1:1 cocristal	Amidina	SE	37,
Ácido 4-Aminobenzóico (PABA)	1:1 cocristal	Amidina	LAG e/ou SE,	39
Aspirina (AS)	1:1 cocristal	Amidina	SE	42
Ácido 4-aminosalicílico (4-AS)	1:1 cocristal	Amidina	SE	
Ácido benzoico (BA) Ácido 2-aminobenzóico (2AB) Ácido 2-hidroxibenzóico (SA) Ácido 2-acetoxibenzóico (AC) Ácido benzeno-1,2-dicarboxílico (PAS)	1:1 cocristal	Amidina	Moagem seguida de SE	43
Trimetoprim (TMP)	Solvente de	Amidina	SE	45

	metanol em cocristal 1:1			
Trimetoprim (TMP)	Mono-hidrato de cocristal 1:2 (TMP:SMZ)	Amidina	SE	49
Ácido indole-2-carboxílico (I2C) Ácido 2,4-dinitrobenzóico (24DNB)	Ambos os cocristais 1:1	Amidina	Refluxo da mistura 1:1. Os cristais foram obtidos pelo método de difusão de vapor	50

Coformador e código	**Resultado**	**Conformação de SD em cocristal**	**Método de síntese**	**Ref Não.**
Ácido 4-hidroxibenzóico (HBA) Ácido 3-hidroxi-2-naftóico (3HNA) Ácido 2,4-Dihidroxibenzóico (DHB) Ácido 3,4-diclorobenzóico (DCB) Ácido sórbico (SOR) Ácido 1-hidroxi-2-naftóico (1HNA) Ácido fumárico (FUM) Benzamida (BEN) 4-Hidroxibenzamida (HBEN)	Todos são cocristais 1:1	Imidina Imidina Amidina Amidina Amidina Amidina Amidina Imidina Imidina	LAG seguido de SE	33
Teofilina (THEO)	1:1:1 cocristal	Ambas as formas de amidina e imidina	SE	52
Ácido piromelítico (PMA)	1:1 cocristal	Amidina	SE	53
Ácido niflúmico (NIF) Ácido flufenâmico (FFA) 4-Aminopiridina (4AP) Piperazina (PIP)	Cocristal 1:1 Cocristal 1:1 Sal Sal	Amidina Amidina	Retificação sólida e LAG seguido de SE	54
Ácido 2-mercaptofenil carboxílico (MPC) Ácido 4-(4-hidroxi-fenilazo)	Cocristal 1:1 Hidrato de cocristal 1:1	Amidina Amidina Amidina	SE	55

fenilcarboxílico (HPAPC) Ácido 2,6-piridina dicarboxílico (PDC)	Solvente de metanol em cocristal 1:1			

Coformador e código	**Resultado**	**Conformação de SD em cocristal**	**Método de síntese**	**Ref Não.**
Ácido 3-(4-hidroxifenil) propanoico (PA) Ácido 4-(fenil)-fenilcarboxílico (HBPA)	Hidrato de cocristal 2:2 Coexistência de SMZ e HBPA em pares neutros e ionizados	Tanto a amidina como a imidina A amidina forma (em par neutro)	SE	55
Ácido salicílico (SA)	Cocristal 1:1 com dissolução congruente e/ou incongruente	-	-	15
	1:1 cocristal	-	Aquecimento de misturas físicas	56
Ácido 2-cloro-4-nitro-benzoico (2C4N) Ácido 2-cloro-5-nitro-benzoico (2C5N) Ácido salicílico (2HBA/SA) Ácido 3-hidroxibenzóico (3HBA) Ácido 4-hidroxibenzóico (4HBA) Ácido 4-bromobenzóico (4BrBA) Ácido benzoico (BA) Ácido cinâmico (CA) Ácido toluico (TA)	Sal 2:2 cocristal 1:1 cocristal 1:1 cocristal 1:1 cocristal 1:1 cocristal 1:1 cocristal 1:1 cocristal 1:1 cocristal	Forma de amidina em todos os cocristais, exceto no cocristal com 4HBA	SE	57
Ácido salicílico (SA) Nicotinamida (NIC) Salicilamida (SAL) Ácido antranílico (AA/2AB)	Todos são cocristais 1:1	Amidina	Cristalização por conversão de lamas assistida por micro-ondas	58

Coformador e código	**Resultado**	**Conformação de SD em cocristal**	**Método de síntese**	**Ref Não.**

Ácido acetilsalicílico (AS) Benzamida (BEN)	1:1 cocristal	Amidina	Cristalização por conversão de lamas assistida por micro-ondas	58
Ácido 4-aminosalicílico (4AS)	Polimorfo de cocristal 1:1	Amidina	SE	62
Ácido salicílico (SA) Nicotinamida (NIC) Salicilamida (SAL) Ácido antranílico (AA/2AB) Ácido acetilsalicílico (AS) Benzamida (BEN)	Sem sucesso Sem sucesso 1:1 cocrystal 1:1 cocrystal Sem sucesso Sem sucesso	 Amidina Amidina	Conversão de lamas assistida por micro-ondas crystallization	58
Lenvatinib (LEN)	1:1 cocristal	Amidina	LAG seguido de SE	73
4-Aminopiridina (4AP) Piperazina (PIP)	Sais		SE	54
N,N-Dimetil-4-aminopiridina (dmap) 4-Aminopiridina (4AP) 4-Picolina (pico) 4,4'-Bipiridina (bipy) (E)-1,2-bis(4-piridil)etileno (bpe) 1,2-Bis(4-piridil)acetileno (bpa) 4-(Piridin-4-il)piperazina (4-pip)	Sal Sal 1:1 cocristal 2(SDZ):3(bipy) cocristal 2(SDZ):1(bpe) cocristal Sal cocristalino 2(SDZ):1(bpa)	Amidina Amidina Amidina Amidina	SE	74

Coformador e código	**Resultado**	**Conformação de SD em cocristal**	**Método de síntese**	**Ref Não.**
Ácido 3,5,-Dinitro salicílico (DNSA)	Sal		SE	98
Ácido acetilsalicílico (AS) Ácido p-amino-salicílico (4AS)	1:1 cocristal Formulário-2 de 5MSDZ	Amidina	GAL e SE	75
Trimetoprim (TMP)	1:1 cocristal (forma anidra) e hidrato de sal 1,5	Imidina	SE	92

uma vez que ambos os componentes aqui envolvidos são APIs (ou seja, um cocristal de fármaco-fármaco) e, por conseguinte, podem apresentar sinergismo no comportamento farmacológico. Tal como no caso dos cocristais com 2AB e PABA[39], a SMZ em SMZ-AS e SMZ-4-AS adopta a configuração de amidina e está envolvida na interação amidina-ácido com os respectivos coformadores. Em ambos os cocristais, os heterossintões $R^2_2(8)$ resultantes das interações amidina-ácido são estendidos em redes supramoleculares através da N-Hamina. Osulfonil ligações de hidrogénio entre as moléculas de SMZ. As moléculas de SMZ nas duas estruturas adoptam conformações diferentes; a molécula de SMZ no cocristal de SMZ-AS tem uma conformação semelhante à do cocristal de SMZ-2AB[39], enquanto que a molécula de SMZ no cocristal de SMZ-4-AS tem uma conformação muito próxima da observada no cocristal de SMZ-PABA[39]. Apesar destas diferenças conformacionais, o padrão supramolecular responsável pela formação do cocristal em todos os cocristais à base de ácidos SMZ é essencialmente o mesmo. M. R. Caira tentou correlacionar o pKa destes ácidos com as forças das ligações de hidrogénio N-H.O e O-H.N observadas num grande conjunto de cocristais de ácidos aromáticos SMZ.

No entanto, não foi possível estabelecer uma correlação clara entre o pKa e as distâncias N...O. Isto sugeriu que os requisitos de empacotamento dos cristais constituíam uma exigência maior do que quaisquer alterações subtis que pudessem ser observadas nas distâncias N.O que pudessem resultar da diferença nos valores de pKa[42].

Preparação de 1:1 de SMZ com vários ácidos carboxílicos, nomeadamente o ácido benzoico (BA), o ácido 2-aminobenzóico (2AB), o ácido 2-hidroxibenzóico (SA), o ácido 2-acetoxibenzóico (AC), o ácido benzeno-l,2-dicarboxílico (PHA), ácido 4-clorobenzóico (PCL), ácido 4-amino-benzoico (PABA) e ácido 4-amino-2-hidroxibenzóico (PAS) pelo método de co-moagem foi descrito por M.R. Caira e colaboradores[43]. Os padrões de XRD do pó dos cocristais preparados coincidem com os preparados pelo método de evaporação por solvente, sugerindo que ambos os métodos resultaram nos mesmos sólidos multicomponentes associados a heterossintões amidina-carboxílicos. O trabalho também demonstrou a cinética das reacções em estado sólido de formação de cocristais entre SMZ-SA e SMZ-2AB com o auxílio do método de XRD em pó. A variação das intensidades com o tempo de um dos picos proeminentes nos PXRDs do SD e do coformador foi registada durante o curso da moagem do cocristal. As reacções de co-cristalização seguiram uma cinética de primeira ordem, sugerindo que a reação envolve um mecanismo de nucleação aleatório[44]. A trituração de misturas equimolares de SMZ, 2AB e SA também foi efectuada para estudar a competição na formação de cocristais[43]. O padrão XRD do produto da co-moagem foi dominado por picos para o cocristal SMZ-2AB e, além disso, continha picos de baixa intensidade de SA não reagida e vestígios da fase de cocristal SA-2AB. Assim, o cocristal SMZ-2AB é o produto predominante sobre o cocristal SMZ-SA, e a reação que ocorre nesta experiência de competição é representada como SMZ + 2AB + SA^SMZ-2AB- SA + SA.2AB[43]. Foram efectuadas experiências de competição semelhantes utilizando SMZ e os pares AC & 2AB, BA & 2AB. Os principais produtos em ambos os estudos foram observados como sendo a fase SMZ-2AB. A tendência para a formação preferencial de um determinado cocristal (SMZ-2AB) em detrimento de outros (SMZ-SA ou SMZ-BA) numa mistura ternária de SMZ e dois ácidos levou os autores a realizar uma experiência de reação de substituição no estado sólido para verificar se a reação de 2AB com o cocristal SMZ-A (A é um ácido diferente de 2AB) conduziria à formação de SMZ-2AB, ou seja, se a substituição de A por 2AB no cocristal sólido ocorre ou não. Uma mistura 1:1 de cocristal puro de SMZ-SA e 2AB puro foi triturada durante três minutos. O padrão de PXRD do sólido obtido foi comparado com o obtido durante a experiência de competição de formação de cocristais. Padrões idênticos de PXRD sugeriram a ocorrência da reação de substituição SMZ-SA + 2AB^SMZ-2AB + SA + SA-2AB. No entanto, não foi observado um sucesso semelhante com a co-moagem de SMZ-SA e BA, ou seja, a substituição de SA por BA para formar SMZ-BA não ocorreu. Por conseguinte, a estabilidade dos cocristais desempenha um papel significativo na natureza dos resultados destes tipos de reacções[43]. Os resultados das experiências de competição de cocristais e de reacções de substituição foram correlacionados com as forças dos pares de ligações de hidrogénio N-II...O e O-II...N (que constituem a amidina... carboxílicos que são responsáveis pela formação de cocristais na maioria dos cocristais de ácidos sulfadricos), o empacotamento de cristais, as energias de rede e a estabilidade do cocristal SMZ-2AB devido à sua estrutura cristalina invulgar quando comparada com outros cocristais da série de ácidos SMZ. Bettinetti e colaboradores observaram que a mistura de trimetoprim (TMP) e SMZ na proporção molar de 1:1 resulta num solvato de metanol do cocristal de TMP-SMZ[45]. A co-cristalização resulta da associação entre as moléculas de TMP e SMZ (forma de amidina) através de duas ligações de hidrogénio N-H.N, nomeadamente, (N- ^{H}cadeia(SMZ)·^{N}pirimidina(TMP) e $^{N\text{-}H}$amino(TMP)·^{N}pirimidina(SMZ)^{0} (Figura 2.1). Na estrutura cristalina observa-se uma forte ligação de hidrogénio O-H.O entre o grupo sulfonamida de SMZ e a molécula de metanol, no entanto, esta interação não tem influência na estabilização do empacotamento cristalino[45]. Tentativas anteriores de co-cristalizar TMP com diferentes SDs como SMX[46,47], SMT[48] resultaram na formação de sal envolvendo uma transferência de protões do SD para o átomo N de pirimidina do TMP. A discrepância observada pode ser facilmente explicada com base na regra $\Delta pK\alpha$. O SMZ (pKa = 7,4) é fracamente ácido para protonar o TMP, enquanto o SMX (pKa = 5,7) e o SMT (pKa = 4,8) são suficientemente ácidos para protonar o TMP, resultando assim em sais. O padrão de empacotamento das ligações de hidrogénio no solvato do cocristal SMZ-TMP é semelhante ao observado no sal TMP-SMX[46,47] (exceto no que se refere à localização do protão), em que o átomo N do anel isoxazol actua como aceitador de ligações de hidrogénio. No sal TMP-SMT[48], contudo, o átomo de oxigénio do grupo sulfonamida do SMT interage com o mesmo grupo amino do TMP.

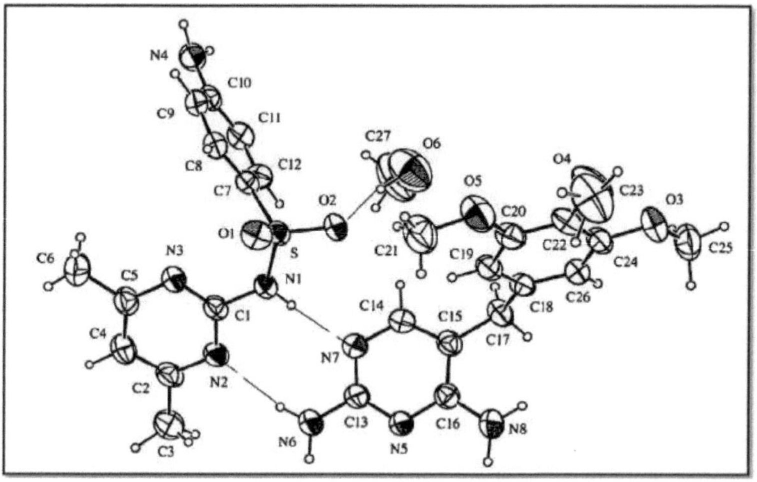

Figura 2.1. Uma vista da unidade assimétrica do solvato de metanol do cocristal 1:1 TMP-SMZ com um par de ligações de hidrogénio N-H...N entre TMP e SMZ e uma forte ligação de hidrogénio O-H.O entre SMZ e metanol[45].

Como continuação do estudo com o sistema SMZ-TMP, Nicola e colaboradores tentaram co-cristalizar SMZ com TMP através do método de evaporação de solventes utilizando uma mistura de etanol e água 1:1[49]. Conseguiram obter um monohidrato de cocristal 1:2 composto por TMP e SMZ, respetivamente[49] em contraste com o metanolato de cocristal 1:1 obtido a partir de metanol[45]. No entanto, à semelhança do cocristal de metanolato TMP-SMZ 1:1, não há transferência de protões do SMZ para o TMP. Uma das moléculas de SMZ (SMZ1) na unidade assimétrica interage com a molécula de TMP através de um par de ligações de hidrogénio N-H...N, resultando num anel de oito membros, semelhante ao observado no cocristal de metanolato 1:1[45]. As principais diferenças nos dois padrões de empacotamento ocorrem nas distâncias das ligações de hidrogénio N...N, e nas respectivas conformações e orientação relativa dos planos da pirimidina e do fenilo. A conformação adoptada pela molécula de TMP (especialmente o ângulo entre os anéis de diaminopirimidina e trimetoxibenzilo) no cocristal mono-hidratado é diferente da encontrada no cocristal de metanolato. A segunda molécula de SMZ (SMZ2) na unidade assimétrica interage com a molécula de TMP através de uma ligação de hidrogénio N-H.N que envolve o mesmo átomo de pirimidina N do TMP (bifurcado) e o grupo NH da sulfonamida. Ao contrário do cocristal de metanolato, o solvente água desempenha um papel importante na estabilização da estrutura cristalina. A molécula de água actua como uma ponte entre as unidades assimétricas adjacentes, com as moléculas SMZ2 das unidades assimétricas vizinhas a interagirem através da molécula de água através da rede de ligações de hidrogénio S=O(SMZ2).H2O.NH2(SMZ2'). Além disso, o empacotamento do cristal é estabilizado por uma extensa rede de ligações de hidrogénio envolvendo a molécula de água, na qual participam todos os grupos doadores de ligações de hidrogénio. Esta caraterística também se reflecte no comportamento térmico do cocristal, uma vez que a água deixa a rede cristalina no ponto de fusão, como observado nos perfis DSC e TGA[49].

A preparação e as estruturas de raios X de um único cristal de cocristais 1:1 de SMZ com ácido indol-2-carboxílico (I2C) e ácido 2,4-dinitrobenzóico (24DNB) foram relatadas por D. E. Lynch e colaboradores[50]. Ambas as estruturas apresentam a estrutura robusta da amidina.ácido-sintótido, típica de vários cocristais de SMZ (Figura 1a). O cocristal SMZ-I2C também apresenta cadeias de ligações de hidrogénio NH2...SO2, em que os protões amino de uma molécula SMZ se associam através de ligações de hidrogénio aos átomos de oxigénio sulfonílico de duas moléculas SMZ diferentes. O cocristal também apresenta cadeias de ligação de hidrogénio N-indole.osulfonil. No cocristal SMZ-24DNB, no entanto, o grupo nitro do ácido compete com o grupo sulfonil pelos protões amino, com um protão amino envolvido numa cadeia de ligação de hidrogénio N-H.Osulfonil e o outro envolvido numa ligação de hidrogénio N-H.O2N de três centros. Os oxigénios sulfonílicos da SMZ no cocristal SMZ-24DNB também estão envolvidos em várias interações intermoleculares C-H.O. A comparação das distâncias N.O nas ligações de hidrogénio N-H.O e O-H.N dos sintões amidina.carboxílicos de vários cocristais de SMZ-ácido carboxílico, incluindo os presentes, com os pKa's dos respectivos ácidos mostrou uma boa correlação indicando que a regra de ΔρKα é uma regra prática eficaz para prever a formação de cocristais/sais e também a força das ligações de hidrogénio envolvidas na sua formação. No entanto, tentativas semelhantes feitas anteriormente[42] não conseguiram estabelecer tais correlações. O sucesso no presente caso pode ser devido à disponibilidade de um conjunto de dados maior com dados estruturais mais precisos para estudos de correlação.

Lu e colaboradores, no seu trabalho, demonstraram a eficiência da DSC como um potencial método de seleção para a preparação in situ de cocristais[51]. Escolheram quatro API (um dos quais é SMZ e os outros três não são SD) e cinco coformadores, nomeadamente, ácido glutárico (GLA), nicotinamida (NIC), sacarina (SAC), ácido salicílico (SA) e ureia (URE) como sistema de estudo. Aqueceram misturas físicas binárias de SMZ (e também de outros API) com cada coformador em diferentes proporções molares e registaram os perfis DSC de cada um. Os estudos DSC sugeriram claramente que, no caso dos sistemas SMZ-GLA e SMZ-URE, não se formaram cocristais. Os perfis DSC de cada uma das misturas físicas destes dois sistemas exibiram um pico endotérmico correspondente à formação eutéctica e um pico endotérmico largo correspondente à fusão da SMZ ou do coformador no limite da fase líquida[51]. Por outro lado, os perfis DSC de SMZ-NCT, SMZ-SAC e SMZ-SA consistiam em dois picos endotérmicos, um correspondente à formação eutéctica e outro correspondente à fusão do cocristal. A partir de agora, os estudos DSC estabeleceram a formação de cocristais no caso dos sistemas SMZ-NCT, SMZ-SAC e SMZ-SA. A vantagem da técnica DSC de rastreio da formação de cocristais é a sua eficácia, fiabilidade, rapidez e a sua abordagem "verde", uma vez que não são utilizados solventes. O método permite-nos saber se a mistura de dois compostos numa proporção adequada pode resultar na formação de cocristais ou não, poupando assim muito tempo e produtos químicos que, de outro modo, seriam desperdiçados no rastreio de cocristais através de outros métodos convencionais[51].

Soumyajit Ghosh e colaboradores demonstraram a capacidade da SMZ para formar cocristais com um grande conjunto de coformadores devido à sua capacidade de apresentar tautomerismo amidina-imidina no sólido[33]. Estudaram um sistema de dez novos cocristais de SMZ com diferentes ácidos carboxílicos e amidas, utilizando espetroscopia FT-IR, DSC, TGA e técnicas SCXRD. A SMZ adopta a forma de amidina ou de imidina neste conjunto de cocristais, formando um heterossintão supramolecular $R22(8)$ robusto através de interações $_{amidinasMz}$ ... $_{ácido/imidinasMz}$ ... ácido com coformadores ácidos (Figura 2.2), e através de interações imidinaSMZ ... amida com coformadores amida (Figura 2.2). Nos cocristais de SMZ com todas as amidas carboxílicas, e nos cocristais com o ácido 4-hidroxibenzóico (HBA) e o ácido 3-hidroxi-2-naftóico (3HNA), a SMZ adopta a forma de imidina, enquanto que nos restantes cocristais de ácido carboxílico-SMZ apresenta a forma de amidina. Contrariamente ao cocristal SMZ-HBA, em que a SMZ adopta a conformação de imidina, no cocristal de

SMZ com o ácido 2,4-dihidroxibenzóico (DHB), a SMZ adopta a conformação de amidina, facilitando a heterossintonia amidina-ácido $R^2_2(8)$. Assim, a introdução do segundo grupo hidroxilo (na posição orto) influencia a conformação molecular da SMZ. No entanto, o segundo grupo hidroxilo não não perturba a síntese robusta de amidina...ácido/imidina...ácido, apesar de ser um forte dador de ligações de hidrogénio, uma vez que está envolvido na ligação de hidrogénio intramolecular O-H...O=C e, por conseguinte, as caraterísticas estruturais de ambos os cocristais são essencialmente as mesmas. À semelhança do sistema SMZ-DHB, os cocristais 1:1 de SMZ com o ácido 3,4-diclorobenzóico (DCB), o ácido sórbico (SOR) e o ácido 1-hidroxi-2-naftóico (1HNA) também apresentam sínteses supramoleculares de amidina-ácido. Observa-se depois que este sintetizador básico se estende a diferentes arquitecturas supramoleculares através de diferentes interações que incluem ligações de hidrogénio O-H.NH2, NH2.SO2, NH.O=S e NH.O=C, e interações mais fracas do tipo π.π. No cocristal de SMZ-ácido fumárico (FUM), a interação amidina-ácido entre uma molécula de FUM e duas moléculas de SMZ conduz a um motivo trimérico SMZ.FUM.SMZ em vez do motivo dimérico observado noutros ácidos monocarboxílicos estudados. A unidade trimérica é alargada a uma estrutura semelhante a um favo de mel através de cadeias de ligações de hidrogénio NH2.SO2. Foram também estudadas as estruturas cristalinas de cocristais entre SMZ-benzamida (BEN) e SMZ-4-hidroxibenzamida (HBEN). O cocristal 1:1 de SMZ-BEN apresenta o dímero heterossintónico fundamental amida.imidina $R^2_2(8)$ que é estendido para uma arquitetura bidimensional através de ligações de hidrogénio N-HBEN.Osulfoxi e N-HSMZ.Osulfoxi. O sistema SMZ-HBEN apresenta um polimorfismo concomitante, no qual são obtidos cocristais 1:1 na forma triclínica e monoclínica. O bloco de construção fundamental de ambos os polimorfos é o mesmo, ou seja, os dímeros heterossintónicos típicos de amida e imidina $R^2_2(8)$. No entanto, na forma triclínica, a estrutura dimérica expande-se primeiro para uma estrutura tetramérica através de ligações de hidrogénio N-HHBEN.Osulfoxi, que são posteriormente estendidas para uma arquitetura bidimensional através de ligações de hidrogénio NH2.OH e N-HSMZ.Osulfoxi, enquanto que, na forma monoclínica, uma rede bidimensional tipo favo de mel é seguida através de ligações de hidrogénio O-HHBEN.NH2SMZ, O-HHBEN.OHBEN e NH2SMZ.SO2SMZ. Em comparação com a molécula de SMZ nua, em que a forma de amidina é energeticamente mais favorecida do que a forma de imidina, o cálculo DFT sugere que a diferença de energia entre as duas formas tautoméricas é significativamente reduzida durante a co-cristalização. Isto confere flexibilidade na mudança de conformação de uma forma tautomérica para outra, especialmente da forma amidina para a forma imidina no cocristal amida-SMZ, onde a interação amidina-amida é proibida devido a impedimentos estéricos. Isto explica a versatilidade dos SDs, especialmente SMZ, na formação de cocristais com uma gama diversificada de coformadores.

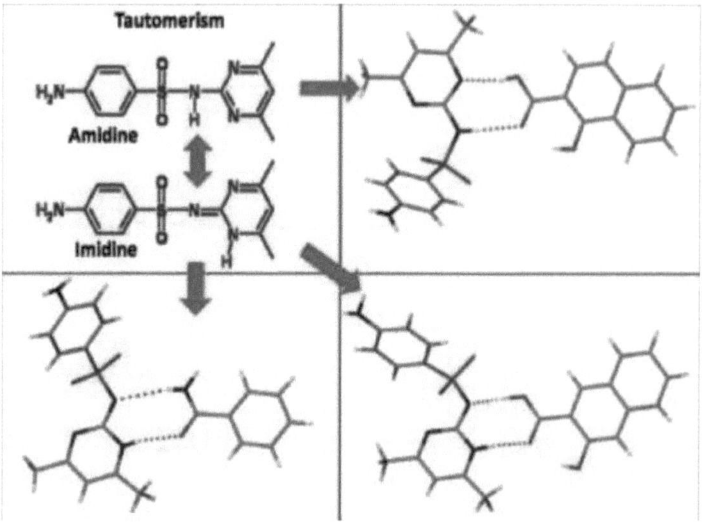

Figura 2.2. Tautomerização amidina-imidina na molécula de SMZ levando a sínteses supramoleculares de amidina.ácido, imidina.amida e imidina.ácido[33].

Um interessante cocristal 1:1:1 de SMZ e teofilina (THEO), composto por duas moléculas de SMZ e uma molécula de THEO, foi registado por Lu e colaboradores[52]. As duas moléculas de SMZ no cocristal exibem tautomerismo ceto-enol, com uma existente na forma de amidina e a outra na forma de imidina.

O cálculo das energias relativas dos dois tautómeros mostrou que o tautómero protonado no átomo N da cadeia é consideravelmente mais estável (designado como $_{SMZLET}$; LET: Tautómero de baixa energia; forma de amidina) do que aquele em que um átomo N no anel aromático é protonado (designado como $_{SMZHET}$; HET: Tautómero de alta energia; forma de imidina). Embora a SMZ tenha sido cristalizada em estado puro, bem como na forma co-cristalizada com vários coformadores, é sempre a forma tautomérica de baixa energia estável da SMZ que aparece na estrutura cristalina. No entanto, no caso da SMZ-THEO, observa-se que ambas as formas LET e HET da SMZ coexistem numa única estrutura, apesar da elevada diferença de energia entre as duas. A forma de imidina HET existe devido à sua estabilização na estrutura cristalina através de fortes interações intermoleculares (N-Himidazole(THEO) .. .Ncham(SMZ) e N-Hpyrimidine(SMZ).. .O= CTHEo) com as moléculas THEO dando maior estabilidade global à estrutura cristalina que compensa a ligeira instabilidade causada pela presença de HET. A estrutura cristalina apresenta duas cadeias paralelas distintas ao longo do eixo b, uma compreendendo ligações de hidrogénio N-Hamine.sulfonyl entre moléculas SMZLET, e outra apresentando ligações de hidrogénio N-Hamine.sulfonyl entre moléculas SMZHET. Entre estas duas cadeias distintas encontram-se as moléculas THEO (Figura 2.3), cada uma das quais está ligada de um lado a uma molécula SMZLET através de interações N-Hchain.Nimidazole(THEO), e do outro lado a uma molécula SMZHET através de um par de interações N-Himidazole(THEO).Nchain(SMZ) e N- Hpyrimidine(SMZ).O=CTHEO para formar um padrão de anel de nove membros (Figura 2.3).

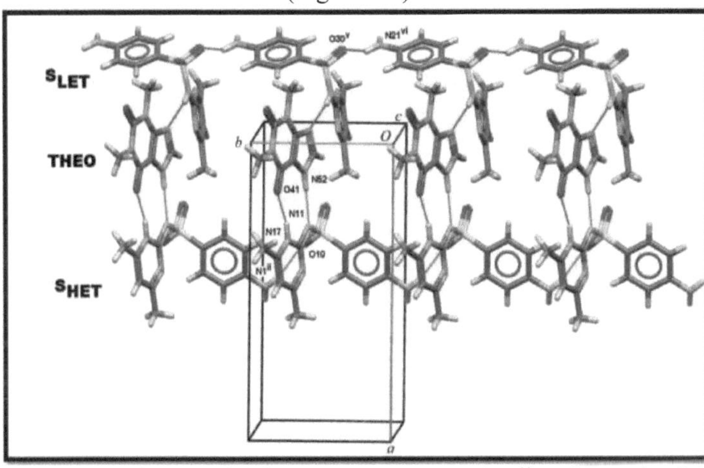

Figura 2.3. Uma vista parcial do empacotamento cristalino do cocristal 1:1:1 de SMZHET:SMZLET:THEO quando visto aproximadamente ao longo do eixo c[52]. (SLET= SMZLET; SHET=SMZHET).

O cocristal 1:1 entre SMZ e ácido piromelítico (PMA) demonstra como todos os melhores grupos doadores e aceitadores de ligações de hidrogénio são completamente utilizados no empacotamento de cristais. D.A. Hadi e E.R.T. Tiekink obtiveram monocristais de cocristal SMZ-PMA pelo método de evaporação de solvente utilizando o solvente metanol[53]. O empacotamento dos cristais envolve dois grupos - COOH situados em posições opostas de cada molécula de PMA envolvidos na interação COOH.COOH com a molécula de PMA adjacente, dando origem a uma cadeia 1D ligada por hidrogénio. Segue-se uma estrutura interpenetrada de dupla camada (Figura 2.4), uma vez que as cadeias de PMA ligadas por hidrogénio adjacentes são intercaladas por moléculas de SMZ. De um lado da cadeia, cada molécula de SMZ interage com a molécula de PMA através de uma interação amidina...ácido que envolve

ligações de hidrogénio O-HPMA...NSMZ e N-H$_{SMZ}$...O=C$_{PMA}$, enquanto que do outro lado da cadeia, a interação é entre o quarto do ácido carboxílico do pMA e o azoto amina da SMZ, conduzindo a ligações de hidrogénio O-HPMA...NSMZ. As duas camadas
são estabilizados por interações C-H. .O$_{sulfonil}$, C-H. π e π. π.

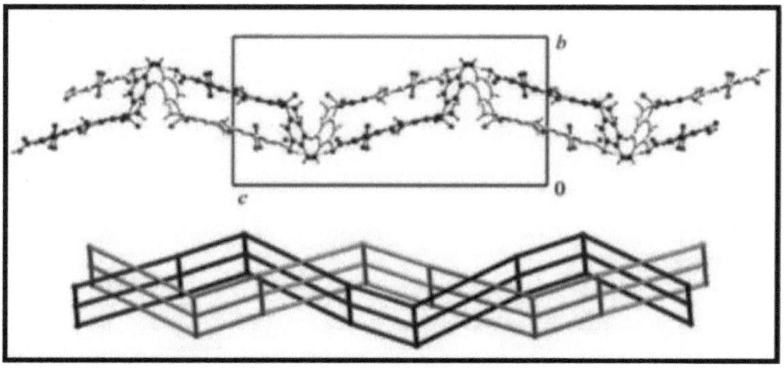

Figura 2.4. Duas camadas interpenetradas de SMz e PMA observadas no cocristal SMz- PMA[53] (em cima). Esquema das camadas interpenetradas 2-D-2-D com os nós definidos pelo átomo de azoto amida de SMz e o centróide do anel aromático de PMA (em baixo)[53].

Kumar e colaboradores prepararam oito novos sólidos multicomponentes utilizando três fármacos sulfa, nomeadamente SMR, SMz e SMX, com quatro coformadores: ácido niflúmico (NIF), ácido flufenâmico (FFA), 4-aminopiridina (4AP) e piperazina (PIP)[54]. A SMR e a SMX, após reação com 4AP e PIP, resultaram em quatro sais, enquanto que com NIF e FFA não houve reação, o que levou à precipitação dos reagentes. SMz, por outro lado, co-cristalizou com NIF e FFA e formou sais com 4AP e PIP[54]. Embora os três fármacos sulfa tenham estruturas moleculares comparáveis, o resultado da síntese de sólidos multicomponentes é diferente com diferentes coformadores. Esta discrepância pode ser atribuída à força e não à natureza ou ao tipo de ligações de hidrogénio, ou seja, à capacidade dos componentes individuais para quebrarem as suas ligações de hidrogénio sintónicas que ocorrem nas estruturas individuais de SD e para formarem novas ligações sintónicas entre eles e os coformadores. Os autores realizaram uma investigação pormenorizada dos sintetizadores presentes nas estruturas cristalinas dos SDs e coformadores utilizados no seu trabalho.
Além disso, efectuaram também cálculos energéticos relacionados com a força de cada sintetizador e compararam os resultados obtidos com as estruturas relacionadas disponíveis na base de dados estrutural de Cambridge (CSD). Os SDs na sua forma nua associam-se através de um dos quatro sintetizadores

SD...SD, como se mostra na Figura 2.5[54], sendo a ordem de classificação das suas forças SD-SD2 > SD-SD1 > SD- SD3 > SD-SD4 e, por conseguinte, a sua tendência para formar sólidos multicomponentes segue a ordem inversa da anterior. No entanto, a natureza e a força da interação SD.SD não foram prejudiciais para governar o resultado da síntese multicomponente envolvendo coformadores à base de piridina e amina, uma vez que estas reacções conduziram à formação de sal. Neste caso, os resultados das experiências foram conduzidos pela "regra de três ΔρKα" e não pelos pontos fortes das interações. Em ambos os cocristais, viz SMZ-NIF (1: 1) e SMZ-FFA (1: 1), SMZ adotou conformações de amidina apresentando ligações de hidrogênio {N-H.O + O-H.N} constituindo amidina.ácido $R^2_2(8)$ síntono dimérico - um dos mais robustos e recorrentes síntons entre os cocristais de ácido SMZ.

Singh e colaboradores referiram a capacidade das moléculas SMZ existirem nas formas tautoméricas de amidina e imidina, o que lhes permitiu preparar cocristais com um grande conjunto de coformadores[55]. A capacidade dos SDs para se adaptarem a diferentes configurações com base nas exigências estruturais torna-os potenciais candidatos a cocristais, conduzindo assim à formação de cocristais com diversas caraterísticas supramoleculares que são orientadas por sintetizadores supramoleculares feitos à medida[55]. O seu estudo mostrou que a SMZ existe na forma de amidina em cocristais 1:1 com ácido 2-mercaptofenilcarboxílico (MPC) e ácido 4-(4-hidroxifenilazo) fenilcarboxílico (HPAPC) (de facto, a SMZ-HPAPC existe como um hidrato de cocristal). Além disso, no seu cocristal com ácido 2,6-piridinodicarboxílico (PDC), a SMZ existe na forma de amidina, mas em vez de formar um cocristal convencional 2:1[33], existe como um solvato de metanol 1:1:1. Em todas as três estruturas, o grupo amidina da SMZ interage com o grupo ácido carboxílico do coformador através de ligações de hidrogénio N-H.O e O-H.N que conduzem a

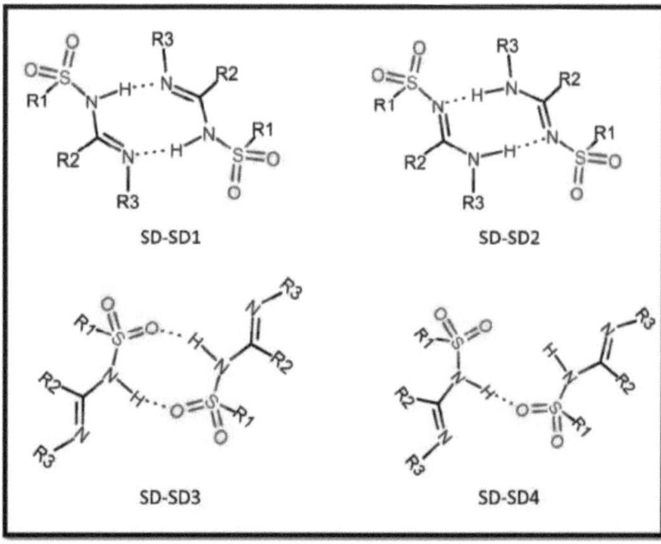

Figura 2.5. Sínteses mais recorrentes com estruturas cristalinas de SDs depositadas no CSD[54].

a um sintetizador supramolecular hetero convencional $R^2_2(8)$ (Figura 2.6a), no entanto, no cocristal com PDC, apenas um dos grupos de ácido carboxílico participa na interação amidina-ácido, estando o outro envolvido na ligação de hidrogénio com o solvente metanol através de ligações de hidrogénio o-Hmetanoi...NpDc, O- Hmetanol.O=CPDC & O-HPDC.Omethanol. Os cocristais de SMZ com o ácido 3-(4-hidroxifenil)propanoico (PA) e com o ácido 4-(fenil)-fenilcarboxílico (HBPA) proporcionam instâncias únicas, em que, no primeiro caso, as moléculas de SMZ existem nas formas de amidina e imidina, enquanto que, no segundo, os pares SMZ-HBPA existem tanto nas formas neutras (SMZ e HBPA) como nas formas ionizadas ($HSMZ^+$ e BPA^-). O SMZ-PA é um cocristal di-hidratado 2:2 em que uma molécula de SMZ na forma de amidina interage com uma molécula de PA através da interação convencional amidina-ácido, enquanto a forma de imidina do SMZ forma um síntono hetero-supramolecular mais simétrico $R^2_2(8)$ com outra molécula de PA através da interação imidina-ácido. Esta interação difere da interação amidina-ácido apenas na posição de um átomo de hidrogénio sobre o átomo de N (Figura 2.6b). À semelhança do que acontece no cocristal de SMZ com PDC solvatado em metanol, a molécula de água solvente no cocristal di-hidratado de SMZ-PA orienta a arquitetura supramolecular participando em ligações de hidrogénio extensas, em que todos os melhores dadores e aceitadores de ligações de hidrogénio participam em ligações de hidrogénio. A peculiaridade do cocristal SMZ-HBPA (Figura 2.6c) é que, a regra ΔpKη prevê a formação de um cocristal ou de um sal para um determinado par de sistema API-coformador, no entanto, no caso SMZ-HBPA, tanto a forma neutra como a ionizada coexistem na estrutura cristalina[55].

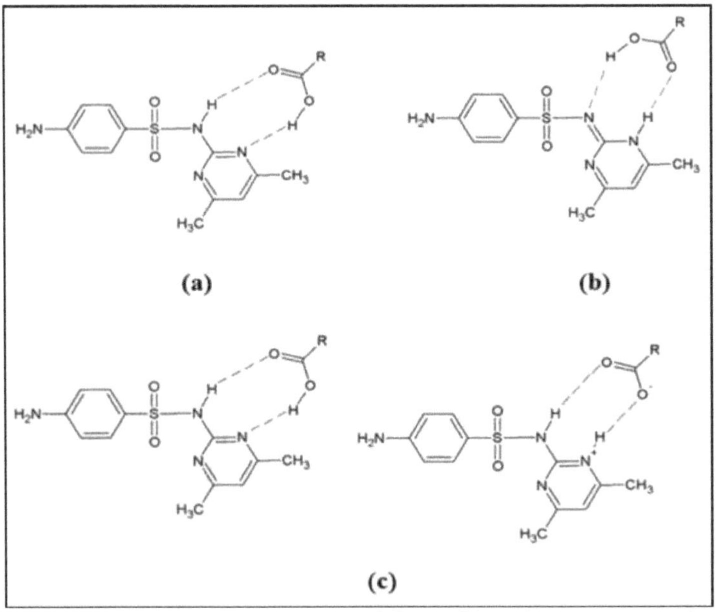

Figura 2.6. (a) Esquema da interação amidina-ácido existente nos cocristais de SMZ com MPC, HPAPC e PDC; (b) Interação imidina-ácido existente no cocristal SMZ-PA; (c) Esquema da ligação de hidrogénio existente no par neutro SMZ-HBPA (esquerda) e no par ionizado $HSMZ^+$ - BPA^-(direita) no cocristal SMZ- HBPA.

Pan e colaboradores redeterminaram a estrutura cristalina do cocristal 1:1 entre SMZ e ácido 4-amino-benzoico (PABA)[37]. No presente trabalho, os cocristais foram obtidos utilizando a moagem assistida por líquido (LAG) seguida de um método de evaporação lenta do solvente utilizando acetona, enquanto no trabalho anterior de M.R. Caira, os cocristais foram obtidos a partir do método de evaporação do solvente utilizando acetonitrilo como solvente[39]. Em ambos os casos, o cocristal cristaliza-se no grupo espacial triclínico *P* -1, mas há uma diferença nas caraterísticas de empacotamento explicadas nos dois trabalhos publicados. A estrutura cristalina apresenta um heterossintão amidina... carboxílico típico que é estendido através de várias interações C-I I... π e π. π envolvendo anéis de SMZ e PABA. Enquanto, na estrutura anterior, o heterossintão amidina.ácido é estendido em um

a arquitetura supramolecular por interações adicionais mais fracas do tipo N- as caraterísticas de empacotamento cristalino dos dois co-cristais podem dever-se à exibição de polimorfismo de empacotamento, no entanto, este aspeto não foi abordado pelos autores neste trabalho e, por conseguinte, necessita de uma discussão separada. O âmbito do trabalho anterior de M.R. Caira limitou-se a compreender a natureza e os tipos de caraterísticas supramoleculares presentes na estrutura cristalina, enquanto Pan e colaboradores estudaram o efeito da co-cristalização na atividade antibacteriana *in vitro* do API. O cocristal mostrou uma melhor atividade antibacteriana quando comparado com os coformadores iniciais, o que se deve à sua maior solubilidade, a uma melhoria modesta na libertação de SMZ e ao aumento da fuga de inclusão de células bacterianas[37]. Actividades antibacterianas *in vitro* de SMZ, PABA e Hamino... Osulfonil, N-Hamino... -Ocarbonil e N-Hamrno...Nammo. A diferença no cocristal SMZ-PABA foi avaliada em diferentes concentrações contra a *E. coli*. O estudo da atividade antibacteriana SMZ-PABA é de particular interesse, uma vez que o PABA pode ser considerado como um antagonista da SMZ. No entanto, neste estudo, foi obtido um aumento de 2 vezes na atividade do cocristal a uma concentração muito menor do que a obtida para SMZ, PABA e as suas misturas físicas. De facto, uma diminuição da atividade observada para a mistura física SMZ-PABA sugere que o efeito sinérgico no cocristal desempenha um papel significativo na melhoria da sua atividade antibacteriana. O sinergismo entre SMZ e PABA no cocristal pode dever-se ao aumento da sua solubilidade. Foram realizados estudos de TEM para explorar a atividade antibacteriana sinérgica. Os estudos mostraram que, quando as bactérias foram expostas ao cocristal de SMZ-PABA, o nível de danos nas paredes celulares aumentou quando comparado com o de SMZ, PABA e as suas misturas físicas (Figura 2.7).

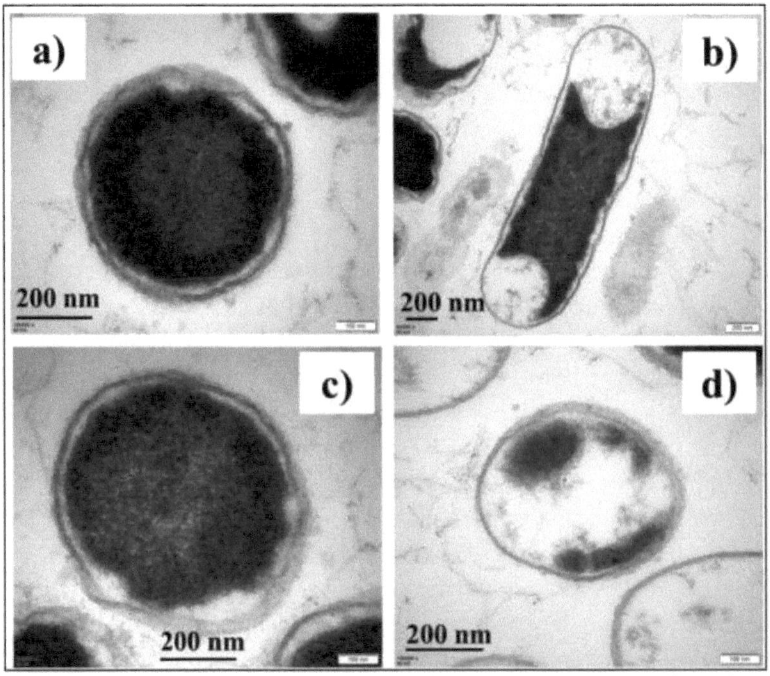

Figura 2.7. Imagens TEM de *E. coli* (a) antes do tratamento; (b) após tratamento com SMZ (500 µg/mL); (c) após tratamento com PABA e (d) após tratamento com co-cristal de SMZ-PABA[37]. Em todos os casos (b-d), as paredes celulares não apresentaram desorganização após a exposição. No entanto, o co-cristal melhora a atividade antibacteriana do API, aumentando a fuga de inclusão celular.

A síntese e os estudos estruturais do cocristal de SMZ-SA pelo método de evaporação de solventes utilizando acetonitrilo como solvente foram relatados anteriormente[38]. Na continuação deste trabalho, Ahuja e colaboradores efectuaram o estudo do diagrama de fases sólido-líquido do sistema SMZ-SA[15], e a influência da temperatura e do solvente no diagrama de fases do sistema foi amplamente discutida. Foram construídos diagramas de fase ternários em metanol, acetonitrilo e numa mistura de 7 : 3 (v/v) DMSO-metanol, a 20, 30 e 40 *oC.* O sistema apresentou uma dissolução congruente em acetonitrilo, enquanto se comportou de forma incongruente em metanol e na mistura DMSO-metanol. Verificou-se que a dimensão da região onde o co-cristal é a única fase sólida estável está reciprocamente relacionada com a razão de solubilidade de SA e SMZ. ΔG, ΔH e ΔS da formação de cocristais a partir dos respectivos componentes sólidos foram estimados a partir dos dados de solubilidade. ΔG varia de -5,7 a -7,7 kJ mol^{-1}, com a estabilidade a aumentar com a temperatura.

Uma vez que o cocristal SMZ-SA se dissolve congruentemente em acetonitrilo, pode ser preparado convenientemente através de um método simples de cristalização por arrefecimento em acetonitrilo e, por conseguinte, a conceção e o processo de fabrico tornam-se robustos e amplamente facilitados.

Na continuação do trabalho acima referido, Svärd e colaboradores (o mesmo grupo do trabalho anterior) estudaram a termodinâmica do sistema de cocristais 1:1 SMZ-SA[56]. Em especial, estudaram as temperaturas de fusão e as entalpias de fusão dos respectivos coformadores sólidos puros e de uma mistura física equimolar, utilizando a calorimetria diferencial de varrimento (DSC). O diagrama de fase binário térmico foi construído a partir dos dados DSC, o que sugeriu que o cocristal SMZ-SA exibia um comportamento de fusão congruente. Determinaram também as capacidades caloríficas das respectivas formas sólidas e dos seus fundidos sobrearrefecidos a diferentes temperaturas, ΔG, ΔH e ΔS para a formação de cocristais foi determinado a partir do ciclo termodinâmico (Figura 2.8). Estimaram também os valores de $\Delta G_{mi\chi}$, ΔII_{1111X} e $\Delta S_{mi\chi}$ para a formação de cocristal e fusão das fases sólidas utilizando os dados termodinâmicos. Observou-se que, na temperatura que vai da temperatura ambiente até o ponto de fusão do cocristal, ΔG para a formação do cocristal é sempre negativo. A partir de então, a fase cocristalina é a fase sólida estável em relação à mistura física 1:1. A formação de cocristal é um processo impulsionado pela entropia, uma vez que a sua formação é sempre endotérmica.

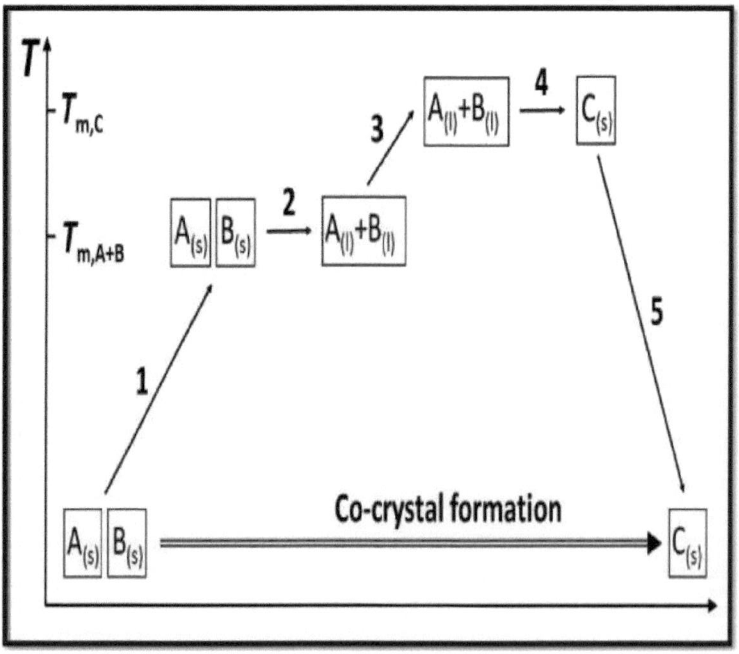

Figura 2.8. Ciclo termodinâmico para a formação de cocristais[56].

M. C. Scheepers e A. Lemmerer relataram a síntese e caraterização de 9 cristais multicomponentes de SMZ com ácido benzoico (BA) e seus derivados[57]. A combinação da SMZ com o ácido 2-cloro-4-nitrobenzóico (2C4N) resultou num sal, enquanto que as combinações com o ácido 2-cloro-5-nitrobenzóico (2C5N), o ácido salicílico (2HBA/SA), ácido 3-hidroxibenzóico (3HBA), ácido 4-hidroxibenzóico (4HBA), ácido 4-bromobenzóico (4BrBA), ácido benzoico (BA), ácido cinâmico (CA) e ácido toluico (TA) resultaram em 1:1, com exceção do 2C5N, onde se formou um cocristal 2:2. Os estudos de difração de raios X de cristal único mostraram que, em oito casos, o coformador interagiu com SMZ através de heterossintonia de amidina... ácido carboxílico, exceto no caso de 4HBA, em que 4HBA interagiu com SMZ com a formação de heterossintonia de imidina.ácido carboxílico. A estrutura cristalina do SMZ-4BrBA é única entre os cristais multicomponentes estudados neste trabalho. Embora o cocristal SMZ-4BrBA apresente a formação do heterossintão amidina.carboxílico, surpreendentemente não se observam outras ligações de hidrogénio, apesar da presença de outros grupos doadores (amino) e aceitadores (sulfonil) de ligações de hidrogénio fortes. Os cocristais SMZ-BA, SMZ-CA e SMZ-TA apresentam caraterísticas semelhantes de empacotamento cristalino, uma vez que os ácidos coformadores nestes três são únicos no sentido em que não têm quaisquer grupos funcionais adicionais para além do grupo carboxílico através do qual possam interagir. Nos cocristais SMZ-CA e SMZ-TA, os sintetizadores amidina-ácido carboxílico propagam-se através de cadeias de ligações de hidrogénio NH2,amino.O2S - caraterística de vários cocristais de ácido SMZ. No entanto, no SMZ-BA, um protão amino do SMZ está envolvido em cadeias de ligação de hidrogénio com o átomo de oxigénio sulfonílico, enquanto o outro está ligado ao oxigénio carbonílico para formar uma cadeia separada. As estruturas cristalinas de SMZ-2HBA, SMZ-3HBA e SMZ-4HBA apresentam interações amidina-ácido carboxílico seguidas de cadeias de ligação de hidrogénio NH2.O2S em SMZ-2HBA e SMZ-3HBA, e cadeias N-Hamino.O=S em SMZ-4HBA. Os grupos hidroxilo de todos os ácidos estão envolvidos em ligações de hidrogénio com o grupo amino das moléculas de SMZ - ligações de hidrogénio intramoleculares no caso do 2HBA e cadeias de ligação de hidrogénio intermoleculares nos outros dois. A comparação das estruturas cristalinas do SMZ-2C4N e do SMZ-2C5N revelou que se formou um sal molecular 1:1 no primeiro caso e um cocristal 2:2 no segundo. O sal molecular é obtido devido a uma transferência de protões do grupo do ácido carboxílico do 2C4N para um dos átomos de azoto da pirimidina do SMZ. Embora a formação

de cocristais no caso de SMZ-2C5N possa ser correlacionada com o valor de ΔρKα em água (apesar de ter sido utilizado outro solvente que não a água para a preparação de cocristais), a formação de sal no caso de SMZ-2C4N não pôde ser correlacionada com o valor de ApKa. O cocristal de SMZ-2C5N apresenta anéis heterossintónicos amidina...carboxílicos e as cadeias sintónicas amino-sulfóxido. Além disso, o grupo nitro está envolvido nas interações C-H.O2N (relativamente mais fracas) que ligam duas moléculas de 2C5N. Surpreendentemente, a estrutura cristalina do SMZ-2C4N não apresenta as cadeias predominantes de ligações de hidrogénio NH2.O2S. No seu lugar, as ligações de hidrogénio N-H.O=C e N-H. O2N envolvendo o grupo amino de SMZ que interage com os grupos carboxilato e nitro de 2C4N, respetivamente. O grupo sulfóxido está bastante envolvido em várias interações C-H.O fracas.
Ahuja e colaboradores investigaram a preparação de cocristais de SMZ com SA, NIC, salicilamida (SAA), ácido antranílico (AA/2AB), AS e BEN através da técnica de cristalização por conversão de lama assistida por micro-ondas[58]. Os sólidos obtidos foram caracterizados por várias técnicas, tais como PXRD, TGA, DSC, Raman e espetroscopia FT-IR. Obtiveram sucesso na obtenção de cocristais de SMZ-SA, SMZ-NIC, SMZ-AA, SMZ-AS e SMZ- BEN, enquanto o cocristal de SMZ-SAA não pôde ser obtido por este método. Verificou-se que este método é muito mais rápido do que os métodos convencionais de preparação de cocristais, tais como o LAG e o método convencional de conversão aquecimento-lama. No método convencional, a taxa de formação de cocristais depende de factores como as concentrações relativas do API e do coformador, a sua solubilidade e a cinética de nucleação e crescimento 59, enquanto que, na síntese assistida por micro-ondas, o aquecimento por micro-ondas aumenta a possibilidade de colisões moleculares entre moléculas de soluto e solvente e também induz uma ordenação e alinhamento moleculares (devido à sua natureza electromagnética), conduzindo à rápida formação de cocristais. Outra vantagem do método de conversão de lamas assistido por micro-ondas é o facto de permitir o aumento da escala do processo de fabrico de 0,2 para quase 20 g sem alterar o resultado[58]. Por conseguinte, este método constitui uma forma eficiente de fabricar cocristais em fase a granel. Os autores conseguiram obter os monocristais do cocristal SMZ-NIC. O estudo SCXRD revelou que a SMZ-NIC cristalizou na razão molar 1:1. A SMZ existe como um tautómero de imidina que se associa com a NIC através de uma interação imi dine... amida, formando um anel hetero-dimérico R22(8) synthon. Os autores também investigaram a solubilidade de equilíbrio e a estabilidade relativa do cocristal SMZ-NIC. Para as experiências de solubilidade de equilíbrio, SMZ-NIC e os componentes individuais viz SMZ e NIC foram carregados

separadamente em água. A fase do sólido após atingir o equilíbrio foi determinada a partir de estudos de PXRD. O estudo PXRD revelou que as formas sólidas obtidas eram de SMZ puro, sugerindo uma dissolução incongruente do cocristal em água. A SMZ-NIC resultou num aumento da concentração de SMZ quando comparada com a da SMZ pura, sugerindo um aumento da solubilidade da SMZ devido à cocristalização. O cocristal SMZ-NIC também foi submetido a um estudo de estabilidade. A fase sólida seca do cocristal SMZ-NIC não mostrou qualquer mudança de fase, mesmo após nove semanas, quando submetida a testes de estabilidade acelerados (40 °C, RH 75%). Não foi observada qualquer alteração de fase no cocristal, mesmo após seis meses (apoiado por estudos PXRD) de armazenamento em condições ambientais. Estes resultados sugerem uma elevada estabilidade da fase do cocristal SMZ-NIC, um atributo essencial para o desenvolvimento de medicamentos. A análise de Hirshfeld e os cálculos de energia de interação foram utilizados para explicar a estabilidade, a reatividade e a taxa de formação de cocristais.

O polimorfo refere-se à cristalização do mesmo composto em diferentes estruturas cristalinas, sendo o fenómeno designado por polimorfismo. O polimorfismo pode afetar grandemente as propriedades dos API, como o seu ponto de fusão, estabilidade, solubilidade, higroscopicidade e biodisponibilidade, devido à diferença na estrutura cristalina, natureza e força das interações intermoleculares, etc.[60-61]. A análise da relação estrutura-propriedade de diferentes estruturas supramoleculares do mesmo composto é um processo importante no desenvolvimento de medicamentos[60-61]. É muito importante examinar a influência de vários factores que controlam a formação de polimorfos. Salem e colaboradores estudaram a influência dos solventes no controlo polimórfico do sistema SMZ-4-ácido aminossalicílico (4AS)[62]. Foram registadas duas formas polimórficas de cocristais 1:1 4AS-SMZ[42, 62-65]. Foram obtidas por métodos diferentes e têm estabilidades termodinâmicas diferentes[63-65]. Foram selecionados oito solventes diferentes com base nos Parâmetros de Solubilidade de Hansen (HSP) para a seleção dos cocristais. O método de evaporação do solvente foi utilizado em todos os casos para obter os cocristais. Foram avaliados os parâmetros do solvente, como o HSP, e outros descritores derivados, como o parâmetro de distância (Ra), a dispersão atómica (δ_d), as interações polares (δ_p), a ligação de hidrogénio (δ_h), a capacidade de doação de ligação de hidrogénio (δ_{hDon}) e a capacidade de aceitação de ligação de hidrogénio (δ_{hAcc}) para os oito solventes. O estudo indicou que o δ_{hAcc} do solvente teve maior influência do que o δ_{hDon} do solvente na geração de polimorfos. Os solventes com maior δ_{hAcc} influenciar as propriedades ácidas do

4AS, que induzem a transformação tautomérica do SMZ. Os autores conseguiram não só reproduzir os polimorfos relatados, mas também obter um novo terceiro polimorfo do cocristal de fármaco-fármaco. O exame estrutural do polimorfo recém-obtido apoiou a previsão das alterações tautoméricas ocorridas na SMZ, no entanto, é necessário um exame mais detalhado para confirmação.

CAPÍTULO 3

COCRISTAIS DE SULFAMERAZINA, SULFADIAZINA, 5-METOXISSULFADIAZINA E SULFADIMETOXINA

CAPÍTULO 3

COCRISTAIS DE SULFAMERAZINA, SULFADIAZINA, 5-METOXISSULFADIAZINA E SULFADIMETOXINA

O Capítulo 3 descreve os cocristais de sulfamerazina (SMR), sulfadiazina (SDZ), 5-metoxisulfadiazina (5MSDZ) e sulfadimetoxina (SDM) com diferentes coformadores relatados na literatura, enfatizando especialmente sua síntese, estudos estruturais, estudos de fase e estabilidade e aplicações.

A Tabela 3.1 resume os cocristais de SMR, SDZ, 5MSDZ e SDM registados na literatura. As suas sínteses, estruturas e propriedades são discutidas abaixo em pormenor.

Tabela 3.1 Cocristais/sólidos multicomponentes de SMZ, SMR, SDZ, 5MSDZ e SMPZ com diferentes coformadores relatados na literatura.

SD	Coformador e código	Resultado	Conformation of SD in cocrystal	Método de síntese	Ref. Não.
SMR	Ácido salicílico (SA) Nicotinamida (NIC) Salicilamida (SAL) Ácido antranílico (AA/2AB) Ácido acetilsalicílico (AS) Benzamida (BEN)	Sem sucesso Sem sucesso 1:1 cocristal 1:1 cocristal Sem sucesso Sem sucesso	Amidina Amidina	Cristalização por conversão de lama assistida por micro-ondas	58
	Lenvatinib (LEN)	Cocristal 1:1	Amidina	LAG seguido de SE	73
	4-Aminopiridina (4AP) Piperazina (PIP)	Sais		SE	54

SD	Coformador e código	Resultado	Conformação de SD em cocristal	Método de síntese	Ref. Não.
SDZ	N,N-Dimetil-4-aminopiridina (dmap) 4-Aminopiridina (4AP) 4-Picolina (pico) 4,4'-Bipiridina (bipy) (E)-1,2-bis(4-piridil)etileno (bpe)	Sal Sal 1:1 cocristal 2(SDZ):3(bipy) cocristal 2(SDZ):1(bpe) cocristal 2(SDZ):1(bpa)	Amidina Amidina Amidina Amidina	SE	74

	1,2-Bis(4-piridil)acetileno (bpa) 4-(Piridin-4-il)piperazina (4-pypip)	cocristal Sal			
	Ácido 3,5,-Dinitro salicílico (DNSA)	sal		SE	98
5MSDZ	Ácido acetilsalicílico (AS) Ácido p-amino salicílico (4-AS)	1:1 cocristal Formulário-2 da 5MSDZ	Amidina	GAL e SE	75
SDM	Isonicotinamida (ISO) 4,4'-Bipiridina (BIPY)	Cocristal 1:1 2(SDM):1(BIPY) cocristal solvatado com acetona e cocristal 1:1 hidratado	Forma de amidina em todos os cocristais	SE	78
SD	**Coformador e código**	**Resultado**	**Conformação de SD em cocristal**	**Método de síntese**	**Ref. Não.**
SDM	Piperazina (PIP) 4,4'-Trimetileno dipiperidina (TRI) 1,4-Diazabiciclo [2.2.2]octano (DABCO)	 sal sal sólidos co-amorfos (anidros e hidratados)	Forma de amidina em todos os cocristais	SE	78

Sulfamerazina (SMR)

Para além de estudarem a síntese e caraterização de cocristais de SMZ com SA, NIC, salicilamida (SAL), ácido antranílico (AA/2AB), AS e BEN através da técnica de cristalização por conversão de slurry assistida por micro-ondas, Ahuja e colaboradores, no mesmo trabalho, relataram a síntese e caraterização de cocristais de SMR com os mesmos coformadores acima referidos[58]. Ao contrário da SMZ, no caso da SMR, os cocristais foram obtidos apenas com AA e SAL, enquanto os restantes não tiveram êxito. Foram obtidos monocristais adequados para análise SCXRD para ambos os cocristais SMR-AA e SMR-SAL. O SMR-AA é um cocristal 1:1 que cristaliza no grupo espacial triclínico *Pl*[58]. A unidade assimétrica contém uma molécula de cada SMR e AA, formando um sínton heteromérico $R^2_2(8)$ com interação amidina-ácido. Os dímeros adjacentes associam-se entre si através de pares de ligações de hidrogénio N-$H_{amina(AA)}$.$O_{sulfonil(SMR)}$, enquanto duas moléculas SMR de dímeros heteroméricos adjacentes formam um dímero homomérico através de ligações de hidrogénio N-H_{amina}.$N_{piridina}$ e interações π.π. À semelhança do sistema SMR-AA, o SMR-SAL também cristaliza no grupo espacial triclínico *P1* e na razão molar 1:1. A formação inicial do cocristal, à semelhança do SMR-AA, é induzida pela formação do dímero heteromolecular $R^2_2(8)$ SMR.SAL através de interações amido-ácido. Ao contrário do SMR-AA, no SMR-SAL, as moléculas SAL formam outro dímero homomolecular $R^2_2(8)$ através de ligações de hidrogénio envolvendo as suas funcionalidades amida. A estrutura tridimensional é assegurada por ligações de hidrogénio N-$H_{amina(SAL)}$.$O_{sulfonil(SMR)}$, tal como observado na estrutura SMR-AA. Em ambos os cocristais, o SMR adopta uma conformação em forma de L estabilizada por interações π.π. Como discutido anteriormente, o método de cristalização por conversão de lama induzida por micro-ondas é eficaz para a preparação de cocristais de SMR-AA e SMR-SAL quando comparado com os métodos convencionais. Os estudos de solubilidade de equilíbrio, em colaboração com a análise PXRD, sugerem que ambos os cocristais aumentam a solubilidade do API em água, com a SMR-AA a dissolver-se congruentemente e a SMR-SAL a dissolver-se incongruentemente em água[58]. Tal como o cocristal SMZ-NIC, também se verificou que o SMR-AA e o SMR-SAL eram muito mais estáveis em várias condições.

Um inibidor da cinase multiobjectivo, denominado Lenvatinib (LEN), tem a capacidade de inibir eficazmente o crescimento tumoral, a angiogénese e a linfangiogénese.[66] Embora a sua aplicação inicial tenha sido no tratamento do cancro da tiroide,[67] é agora alargada ao tratamento do carcinoma hepatocelular avançado,[68] e também do cancro do rim.[69] A sua baixa taxa de efeitos adversos, como hipertensão, proteínas urinárias, dores abdominais, fadiga e perda de peso[70] coloca-a numa posição vantajosa em relação a outros medicamentos anticancerígenos disponíveis no mercado. Podem ser utilizados no tratamento de doentes com cancro do fígado e hepatite B.[69] No entanto, apesar das várias aplicações e vantagens[71,72], a sua utilização no mercado farmacêutico é limitada devido à sua fraca solubilidade aquosa. Para melhorar a solubilidade aquosa do LEN, um cocristal 1:1 de LEN com SMR foi sintetizado por Hong e colaboradores usando o método de moagem assistida por líquido[73]. O cocristal foi submetido a várias caracterizações, tais como estudos FT-IR, NMR, PXRD, DSC, TGA e SCXRD. O cocristal LEN-SMR apresenta uma ligação de hidrogénio N-H_{SMR}.N_{LEN} discreta que se estende a uma estrutura tridimensional através de várias ligações de hidrogénio N-H...O. A análise FT-IR confirmou a natureza das ligações de hidrogénio presentes no cocristal, enquanto o espetro NMR confirmou a relação 1:1 do cocristal. O estudo inferiu que o cocristal é termicamente mais estável do que o LEN e mostra um aumento de 2 a 3 vezes nas solubilidades em várias soluções tampão .

Além disso, o cocristal apresentou menor absorção de água e menor higroscopicidade do que o medicamento puro LEN. O cocristal é mais estável do que o IFA puro, uma vez que demonstrou uma maior estabilidade face a temperaturas elevadas, humidade elevada e iluminação intensa. Além disso, apresentou valores IC_{50} mais baixos do que o LEN durante um estudo de citotoxicidade in vitro contra a linha celular de hepatoma humano Hep G2[73]. O aumento da citotoxicidade do cocristal foi atribuído ao efeito aditivo ou sinérgico devido à incorporação de SMR[73].

Sulfadiazina (SDZ)

Embora a SDZ se assemelhe muito à SMZ e à SMR na sua estrutura - a única diferença é a ausência de grupo(s) metilo(s) nos anéis de pirimidina - há muito poucos estudos na literatura que relatem cocristais/sólidos multicomponentes de SDZ. Tanto quanto é do nosso conhecimento, nem sequer existem estudos que relatem os resultados negativos, ou seja, o fracasso da síntese de sólidos multicomponentes com SDZ. Quatro cocristais e três sais de SDZ com diferentes coformadores de piridina, nomeadamente, N,N-dimetil-4-aminopiridina (dmap), 4-aminopiridina (4AP), 4-picolina (pico), 4,4'-bipiridina (bipy), (E)-1,2-bis(4-piridil)etileno (bpe), 1,2-bis(4-piridil)acetileno (bpa) e 4-(piridin-4-il)piperazina (4-pipip) foram preparados por Elacqua e colaboradores aplicando princípios de engenharia cristalina[74]. As piridinas são amplamente utilizadas na engenharia de cristais como blocos de construção moleculares, e a sua capacidade para perturbar o dímero de ligação de hidrogénio N-H... .N da amidina e da pirimidina em cristais de DS abre caminhos para a conceção de sólidos multicomponentes[74]. As estruturas monocristalinas destes sólidos multicomponentes

os sólidos apresentam quer $N\text{-}H_{(amidina/anilina)}\cdot N_{piridina/pirimidina}$, $N\text{-}H_{piridínio}\cdot N^{-}_{amidida}$,

Interações $N\text{-}H_{anilina/piperazina}.O2_{Sulfóxido}$ e/ou a sua combinação resultando em cadeias, anéis e díades. O grupo efectuou uma investigação pormenorizada para correlacionar as distâncias S-N nos sólidos multicomponentes por eles preparados com as estruturas de sólidos multicomponentes de SD's relatadas no CSD. A análise revelou que o comprimento da ligação S-N é geralmente mais curto em sólidos multicomponentes baseados em SDs aniónicos. As distâncias S-N em todos os sólidos examinados correlacionam-se bem com os resultados da experiência de co-cristalização. As distâncias S-N (~ 1,56-1,59 Â) estavam geralmente na faixa mais curta nos sais, enquanto nos cocristais, as distâncias S-

N foram observadas para cair na faixa mais alta (~ 1,62-1,66 Â). No entanto, na fronteira cocristal-sal (S-N ~ 1,59-1,61 Â), as distâncias S-N nos sólidos multicomponentes não puderam ser correlacionadas com o resultado da experiência, ou seja, nos casos limite, a distância S-N não pôde ser utilizada como referência para prever a natureza dos sólidos multicomponentes. A SDZ, na fronteira cocristal-sal, exibiu um comportamento do tipo camaleão[(74),] pelo que o resultado da experiência de cocristalização não pôde ser correlacionado com os comprimentos das ligações S-N. Este comportamento pode ser atribuído à capacidade da SDZ (ou de qualquer outra SD em geral) de exibir diferentes formas tautoméricas que lhes permitem reconfigurar e assumir diferentes geometrias, permitindo-lhes assim acomodar diferentes tipos de coformadores e, por conseguinte, formar sais ou cocristais na fronteira sal-cocristal de forma imprevisível.

5-Metoxissulfadiazina (5MSDZ)

M.R. Caira relatou a síntese de cocristais 1:1 entre 5MSDZ e ácido acetilsalicílico (AS) por moagem assistida por líquido e método de evaporação de solvente usando acetonitrilo como solvente[75]. A co-cristalização resultou da típica interação heterodimérica amidina-ácido entre o SD e o ASA, semelhante à observada no cocristal SMZ-ASA[42]. Uma tentativa semelhante de cocristalização entre 5MSDZ e ácido p-amino salicílico (4-AS) resultou no polimorfo biologicamente mais ativo (Forma II) de 5MSDZ em vez de um cocristal. Uma tentativa de co-cristalização falhada que conduza a uma forma polimórfica até agora não detectada não é invulgar e pode ser explorada como uma via racional para obter novas estruturas polimórficas de APIs[76-77]. Uma possível explicação para a obtenção de um polimorfo pode ser o facto de as condições experimentais de co-cristalização não serem propícias à formação de cocristais e, em vez disso, serem favoráveis à recristalização de 5MSDZ. No entanto, o crescimento de núcleos da Forma I de 5MSDZ poderia ser inibido pela adsorção superficial preferencial de 4-AS, favorecendo assim a cristalização de um polimorfo.

Sulfadimetoxina (SDM)

No seu trabalho, Domingos e colaboradores discutiram a propensão da SDM para formar sólidos multicomponentes com diferentes coformadores[78]. Utilizaram aminas cíclicas, amidas, ácidos carboxílicos e sulfonamidas para preparar sólidos multicomponentes de SDM através de técnicas de moagem assistida por líquidos e cristalização em solução. Foram obtidos oito novos sólidos multicomponentes, dos quais se obtiveram cocristais com isonicotinamida (ISO) viz SDM-ISO, solvatos de cocristal com 4,4'-bipiridina (BIPY) viz SDM-BIPY-Acetona & SDM-BIPY-H2O, sais com piperazina (PIP) i.e,

SDM-PIP, 4,4'- trimetilenodipiperidina (TRI), nomeadamente SDM-TRI, e, com 1,4- diazabiciclo[2.2.2]octano (DABCO) - duas formas polimórficas anidras (SDM-DABCO) e um hidrato (SDM-DABCO-H2O). O SDM-ISO é um cocristal 1:1 com uma arquitetura bidimensional em que N-$H_{sulfonam}$$i_{de}$... ,$O_{ISO}$ e N-HJSO...NH2,SDM entre as moléculas ISO e SDM constituem uma cadeia ao longo do eixo c, e duas dessas cadeias paralelas são entrelaçadas por duas cadeias adjacentes ao longo do eixo a, uma formada por moléculas SDM dispostas cabeça a cauda através de interações N-H_{ami}ne^$O_{sulfona}$, e a outra constituída por moléculas ISO associadas através de interações N-HISO...NISO(piridina). O SDM co-cristaliza com o BIP como um solvato de acetona na proporção 2:1:1 com uma molécula de SDM, meia molécula cada de BIP e acetona na unidade assimétrica . As moléculas de SDM na estrutura formam uma estrutura bidimensional tipo favo de mel baseada em duas cadeias ligadas por hidrogénio, uma cadeia linear de moléculas de SDM através de interações N-HSDM. .osufbne e outra de uma cadeia em ziguezague de moléculas de SDM através de interações N-HSDM. .ometoxi.

São formadas gaiolas tridimensionais à medida que as arquitecturas de favos de mel adjacentes são interligadas através de moléculas de BIP por interações N-$H_{suilfonami}$de.N_{BIP}. As interfaces de duas gaiolas são ocupadas por moléculas de acetona. O SDM-BIP também co-cristalizou como um hidrato na proporção molar de 1:1:1. É interessante notar que o empacotamento cristalino na forma hidratada do co-cristal é totalmente distinto do solvato de acetona. A razão para esta diferença deve-se à participação ativa de todos os locais doadores e aceitadores de ligações de hidrogénio das moléculas de água em ligações de hidrogénio extensas com os melhores doadores e aceitadores de SDM e BIP. Ao contrário do cocristal solvatado em acetona, na estrutura hidratada, a associação de moléculas de SDM é ligada por moléculas de água sem interação direta entre moléculas de SDM. Observa-se que as moléculas de SDM interagem com as moléculas de água de dois modos. No modo 1, um sintetizador $R4^{2}(8)$ composto por duas moléculas de SDM e duas moléculas de água é formado através de ligações de hidrogénio N-Hamina...O-água. Dois desses sintetizadores são interligados por duas moléculas de BIP através de ligações de hidrogénio N-Hsulfonamida.NBIP e O-Hágua.NBIP para formar uma arquitetura em camadas. No segundo modo, ou seja, no modo 2, a junção de duas moléculas de SDM e duas moléculas de água através de ligações de hidrogénio N-Hamme "Owater e O-Hwater^^^ Osulfone dá origem a um sintetizador $R4^{4}(20)$. Este sintetizador liga as camadas que contêm o modo 1, resultando assim num arranjo supramolecular tridimensional. O envolvimento da água em ligações de hidrogénio extensas perturba tanto o homodímero como as cadeias de ligações de hidrogénio envolvidas na estrutura SDM nua. Foram também efectuados estudos preliminares de solubilidade, anotando a quantidade de água necessária para dissolver 1 mg de cada sólido[78]. O estudo mostrou que todos os sais moleculares tinham solubilidades maiores do que os cocristais que, por sua vez, tinham maior solubilidade do que o SDM - uma informação vital tendo em conta que o SDM é totalmente insolúvel em água[78]. As estruturas dos sais moleculares não são abordadas aqui, uma vez que estão fora do âmbito deste artigo de revisão.

CAPÍTULO 4

COCRISTAIS DE SULFATIAZOL, SULFACLOROPIRIDAZINA, SULFAMETOXIPIRIDAZINA, SULFAMETOXAZOL E SULFAMETROLE

CAPÍTULO 4
COCRISTAIS DE SULFATIAZOL, SULFACLOROPIRIDAZINA, SULFAMETOXIPIRIDAZINA, SULFAMETOXAZOL E SULFAMETROLE

O Capítulo 4 descreve os cocristais de Sulfatiazol (STZ), Sulfacloropiridazina (SCPZ), Sulfametoxipiridazina (SMPZ), Sulfametoxazol (SMX) e Sulfametrole (SMT) com diferentes coformadores relatados na literatura, enfatizando especialmente sua síntese, estudos estruturais, estudos de fase e estabilidade e aplicações.

A Tabela 4.1 resume os cocristais de STZ, SCPZ, SMPZ, SMX e SMT registados na literatura. As suas sínteses, estruturas e propriedades são discutidas abaixo em pormenor.

Tabela 4.1 Cocristais/sólidos multicomponentes de STZ, SCPZ, SMPZ, SMX e SMT com diferentes coformadores relatados na literatura.

SD	**Coformador e código**	**Resultado**	**Conformação de SD em cocristal**	**Método de síntese**	**Ref. Não.**
STZ	Teofilina (THEO) Sulfanilamida (SFA)	Cocristal 1:1 Cocristal 1:1	Imidina Imidina	SE	79
	Teofilina (THEO) Sulfanilamida (SFA)	Cocristal 1:1 Cocristal 1:1	-	SE	80
	Cloridrato de amantadina (AMNH)	cocristal 1:1 juntamente com um ião Cl-	Imidina	LAG seguido de SE	81
SD	**Coformador e código**	**Resultado**	**Conformação de SD em cocristal**	**Método de síntese**	**Ref. Não.**
	4-Aminobenzamida (4AB) Ácido 2,4-dinitrobenzóico (24DNB)	Sal de cristal 1:1	Imidina	SE	82
	Ácido 4-nitrobenzóico (4NBA)	Cocristal 1:1	Imidina	SE	86
	2-Aminopiridina (2AP) 2-Amino-5-metilpiridina (2A5MP)	Sal de cristal 1:1 1:1 cocristal	Imidina em todas as estruturas	SE	87

SD	Coformador e código	Resultado	Conformação de SD em cocristal	Método de síntese	Ref. Não.
	2-Amino-5-cloropiridina (2A5ClP) 2-Amino-5-bromopiridina (2A5BrP)	1:1 cocristal			
	2-Aminopiridina (2ap) 2-Amino-3- nitropiridina (2a3np) 2-Amino-5- nitropiridina (2a5np) 2-Amino-5- cloropiridina (2a5cp) 4,4'-Bipiridina (bipy) Ácido 3,5 - Dinitrobenzoíco (DNBA)	1:1 cocristal 1:1 cocristal 1:1 cocristal 1:1 cocristal 2:1 cocristal (STZ:bipy) Sal	Imidina Imidina Imidina Imidina Imidina	Moagem SE, seca e LA	99
SCPZ	4,4'-bipiridina (BIPY) Fenilpiridina (PPYR) 4-Picolina (PIC) 4-Aminopiridina (4-AP) 1,4-Diazabiciclo [2.2.2]octano (DABCO) Piridina (py) Ácido fumárico (FUM)	Solvente de THF 1:1 cocristal e 1: 1 cocristal 1:1 cocristal 1:1 cocristal 1:1 cocristal 1:1 cocristal SCPZ. THF solvato SCPZ. Solvente THF	Amidina em todos os casos	SE	91
SMPZ	Trimetoprim (TMP)	1:1 cocristal (forma anidra) e hidrato de sal 1,5	Imidina	SE	92
SMX	4,4'-Etileno bipiridina (ebipy) 1,3-Bis(4-piridil)	2:1 (SMX:ebipy) cocristal e	Amidina Amidina Amidina	Moagem de bolas e SE	95, 45

	propano (pbipy)	1: 1 cocristal 2:2 cocristal			
SD	**Coformador e código**	**Resultado**	**Conformação de SD em cocristal**	**Método de síntese**	**Ref. Não.**
SMX	4,4'-Bipiridina (bipy) 4-Fenil-4'-piridina (phpy) Benzamidina (bza) Trimetoprim (TMP)	4:6 cocristal 1:1 cocristal Sal Sal	Amidina Amidina	Moagem de bolas e SE	95, 45
	4-Aminopiridina (4AP) Piperazina (PIP)	Sais		SE	54
	3-Cianopiridina (3cnp), 4-Cianopiridina (4cnp) Ácido 3,5 - dinitrobenzóico (dnba) N,N-dimetil amino piridina (4dmap)	1:1 cocristal 1:1 cocristal 1:1 cocristal Sal	Amidina Amidina Amidina	Moagem SE, seca e LA	99
SMT	Tetroxoprim (TXP) Trimetoprim (TMP)	Solventes salinos TXP+ -SMT(-) .CH3OH, TXP+ -SMT(-) .C2H5OH e TXP+ - SMT- .H2O Sal		SE	96 97 45

Sulfatiazol (STZ)

O estudo dos cocristais de STZ remonta a 1971, quando E. Shefter e P. Sackman estudaram as estruturas cristalinas de dois cocristais de STZ 1:1, um com THEO e outro com sulfanilamida (SFA)[79]. Em ambas as estruturas, a STZ adopta a forma tautomérica de imidina em vez da forma de amidina frequentemente observada em SDs. Em ambas as estruturas, a sintetização homodimérica $R^2_2(8)$ entre as moléculas de STZ, constituída por um par de fortes ligações de hidrogénio N-H...N - observadas nas moléculas de STZ não complexadas - é mantida, indicando que os coformadores THEO e SFA são incapazes de romper os fortes pares de ligações de hidrogénio N-H...N entre a STZ[79]. Os esquemas de ligação de hidrogénio, para além dos sintetizadores comuns N-H.N $R^2_2(8)$ observados em ambos os cocristais, são muito distintos. A formação do cocristal do sistema STZ-THEO é realizada a partir de um par de ligações de hidrogénio $N\text{-}H_{THEO}.N_{amine(STZ)}$ e $N\text{-}H_{amine(STZ)}.O{=}C_{THEO}$ entre as moléculas STZ e THEO , resultando numa síntese heterodimérica $R^2_2(7)$. No cocristal STZ-SFA, a interação primária responsável pela formação do cocristal é a forte ligação de hidrogénio N-H.O entre a STZ e a SFA, envolvendo um dos hidrogénios da amina da SFA como dador e o oxigénio sulfonílico da STZ como aceitador. Duas ligações de hidrogénio N-H.O separadas e relativamente mais fracas, uma entre as moléculas de STZ e SFA, envolvendo o hidrogénio da amina da STZ como dador e o oxigénio sulfonílico da SFA como aceitador, e a outra entre as moléculas de SFA, envolvendo o segundo átomo de hidrogénio da amina da SFA como dador e o oxigénio sulfonílico da SFA como aceitador, também são observadas na estrutura cristalina.

Y.S. Mary e Y.S. Mary[80] efectuaram estudos DFT sobre os cocristais STZ-THEO e STZ- SFA[79]. Os cálculos de otimização da geometria, análise vibracional, HOMO-LUMO, análise de orbitais de ligação natural (NBO) e potencial eletrostático molecular (MEP) foram efectuados por DFT acoplado a conjuntos de bases de valência polarizada consistentes com a correlação (cc-pVDZ). Os cálculos do estado excitado de energia foram efectuados por TD-DFT/ CAM-B3LYP. Os átomos de oxigénio e enxofre em ambos os cocristais foram avaliados como os locais reactivos mais favoráveis, um resultado obtido a partir dos cálculos MEP em concordância com os estudos experimentais[79]. Ambos os cocristais foram também sujeitos a um estudo NLO que mostrou que também podiam exibir propriedades NLO. A energia livre de injeção de electrões foi avaliada como sendo elevada para ambos, sugerindo a sua possível aplicação como foto-sensibilizador eficiente em células solares sensibilizadas por corantes. Os estudos de acoplamento molecular sugerem que ambos podem apresentar boas actividades farmacológicas com as proteínas.

Os efeitos sinérgicos tendem a aumentar as actividades farmacológicas dos cocristais de fármacos do que as actividades demonstradas pelos fármacos individuais isoladamente[81]. Wang e colaboradores sintetizaram um novo cocristal de fármaco utilizando um fármaco antiviral cloridrato de amantadina (AMNH) e um fármaco antibacteriano STZ[81]. Os estudos SCXRD sugeriram que os dois fármacos existem na proporção molar de 1:1 juntamente com um ião Cl^-, constituindo assim um cocristal duplo fármaco-sal. A formação do cocristal está associada à interação entre o grupo amónio do AMNH e o grupo amina da STZ, ligados por iões cloreto, ou seja, interações $NH3{+}AMNH...C1{-}..._{H2NSTZ}$ assistidas por carga (Figura 4.1). A estrutura cristalina é uma estrutura porosa tridimensional carregada negativamente, construída por moléculas de STZ e iões cloreto, sendo os poros ocupados por catiões de amantadina. A estrutura cristalina também apresenta extensas ligações de hidrogénio N-H.O e interações C-H.Cl^-. O cocristal mostrou um aumento de 2 a 5 vezes na atividade antibacteriana quando comparado com a STZ. O aumento da atividade antibacteriana do cocristal deve-se à melhoria da sua solubilidade, estabilidade aquosa e permeabilidade do fármaco, que são atribuídas a vários factores, tais como a rutura da interação amina-imina convencional que compreende dímeros de ligações de hidrogénio N-H.N (que explica a fraca solubilidade aquosa da STZ) no cristal de STZ por ligações de hidrogénio assistidas por carga no cocristal, a natureza iónica do coformador, a presença de ligações de hidrogénio assistidas por carga forte e a estrutura porosa do cocristal[81]. O estudo mostrou que a STZ na forma co-cristalizada apresenta uma melhoria simultânea das propriedades físico-químicas, nomeadamente a solubilidade e a permeabilidade, o que pode levar a um aumento das actividades antibacterianas, apresentando uma maior inibição das estirpes bacterianas e valores mais baixos da concentração inibitória mínima. Assim, a estratégia de co-cristalização fármaco-fármaco explora um novo caminho para alargar as novas aplicações dos fármacos tradicionais.

Samanta e colaboradores descreveram as estruturas cristalinas de um cocristal e de um sal de STZ com 4-aminobenzamida (4AB) e ácido 2,4- dinitrobenzóico (24DNB), respetivamente[82]. O resultado da síntese multicomponente, ou seja, se a mistura do API com um coformador produziu um sal ou um cocristal, pode ser previsto pela regra ΔρKα no caso da STZ-24DNB. Sendo os pKa's da STZ e do 24DNB de 7,2[83] e 1,43[84] respetivamente, o valor de ΔρKα = 5,77 para a STZ-24DNB sugere a formação de sal, em total concordância com a observação experimental. O resultado no caso do sistema STZ-4AB não pôde ser previsto pela aplicação desta regra, uma vez que o valor de pKa de 4AB não está disponível. Em ambas as estruturas no estado sólido, a molécula de STZ adopta as formas tautoméricas de imidina, tal como observado nos sistemas STZ-THEO e STZ-SFA[79], executando assim interações imidina...amida/imidame...ácido. A unidade assimétrica do cocristal STZ-4AB é constituída por uma molécula de STZ e 4AB, em que se verifica um par de ligações de hidrogénio N-H.O e N-H...N entre as moléculas de STZ e 4AB, constituindo um sínton heterodimérico $R^2_2(8)$.

O heterodímero é formado pela doação de um protão de amida de 4AB para ligação de hidrogénio com o átomo N de imidina na cadeia de STZ e doação simultânea do protão N-H do átomo N do anel de tiazol de STZ para o átomo O do grupo carbonilo da molécula de 4AB. A estrutura cristalina também apresenta extensas ligações de hidrogénio N-$H_{amina(STZ)}$.$O_{sulfonil}$ entre as moléculas de STZ que estendem a estrutura em três dimensões. A estrutura cristalina é consistente com a regra de Etter de empacotamento de cristais[85], que afirma que, na primeira fase do empacotamento de cristais, os grupos doadores de ligações de hidrogénio mais fortes interagem com os grupos aceitadores de ligações de hidrogénio mais fortes (neste caso, o grupo amida do 4AB interage com o local forte da imidina). Seguem-se as interações entre os segundos grupos mais fortes (neste caso, a interação entre NH2 e

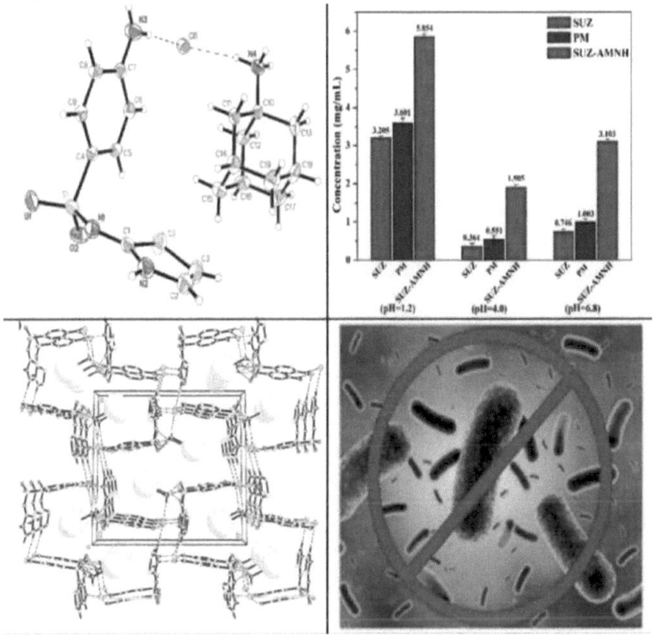

Figura 4.1. A estrutura molecular do cocristal STZ-AMNH (em cima à esquerda); Uma vista da estrutura porosa tridimensional constituída por iões STZ e Cl^- que são ocupados por catiões AMNH (representados por grandes bolas amarelas) (em baixo à esquerda); Melhoria da solubilidade do cocristal STZ(SUZ)- AMNH (em cima à direita), exibindo assim uma maior atividade antibacteriana (em baixo à direita)[81].

grupos SO2) e assim por diante. Observou-se que o mesmo princípio também se aplica ao empacotamento de cristais no sal.

Ao contrário do 24DNB, o ácido 4-nitrobenzóico (4NBA) quando combinado com STZ resultou em um cocristal 1: 1 de STZ-4NBA[86]. O ΔρKα para o sistema STZ-4NBA é significativamente menor do que o do sistema STZ-24DNB (ΔρKα = 3,79 para STZ-4NBA vs 5,77 para STZ-24DNB[82]). Embora ΔρKα > 3, o sistema STZ-4NBA forma cocristal em vez de um sal. A razão para esta discrepância pode ser devido ao facto de que-1) a regra ΔρKα não é uma regra rígida e rápida e é, de facto, uma regra de polegar, 2) o valor ApKa para este sistema está muito próximo do valor limite de 3, onde as previsões feitas por esta regra podem ser incertas e 3) os valores de pKa utilizados para o cálculo de ApKa são obtidos em água como solvente, enquanto o cocristal é preparado em etanol[86]. O. Madhavi e D.R. Trivedi estudaram o estudo SCXRD do cocristal, que revelou que a formação de STZ-4NBA não é conduzida por ligações de hidrogénio convencionais e robustas de amidina/imidina/ácido ou por quaisquer outras ligações de hidrogénio tradicionais. As moléculas são antes mantidas juntas por contactos curtos π.π entre o anel de tiazol da STZ e o anel de benzeno do 4NBA. As moléculas de STZ existem como um tautómero de imidina e formam dímeros de ligação de hidrogénio N-H.N envolvendo as porções de tiazol e sulfonamida. Os grupos amina de duas moléculas de STZ estão ligados aos dois grupos sulfonil através de ligações de hidrogénio N-H.O. Do mesmo modo, as moléculas de 4NBA auto-associam-se através de ligações de hidrogénio O-H.O. As unidades independentes auto-montadas de STZ e 4NBA formam uma estrutura tridimensional através de interações C-H4NBA. nsTZ (anel de benzeno)[86].

Os estudos SCXRD de quatro sólidos multicomponentes contendo STZ e 2-aminopiridinas parassubstituídas, nomeadamente, STZ-2-aminopiridina (STZ-2AP), STZ-2-amino-5-metilpiridina (STZ-2A5MP), STZ-2-amino-5-cloropiridina (STZ-2A5ClP) e STZ-2-amino-5-bromopiridina (STZ-2A5BrP), foram investigados por Wojnarska e colaboradores[87]. Exceto a STZ-2A5MP, que é um sal molecular, os três restantes são cocristais que mantêm uma relação estequiométrica de 1:1. A formação do sal STZ-2A5MP e dos três cocristais está bem correlacionada com os valores ApKa correspondentes, reforçando assim a versatilidade desta regra na previsão do resultado de uma experiência de co-cristalização. Todos os quatro cocristais cristalizaram no grupo espacial monoclínico *P21/n* com parâmetros de rede semelhantes, sendo as conformações da STZ em todas as estruturas quase idênticas. As ligações de hidrogénio N-HSTZ.Npyridine e N-Hpyridme...NsTz formam, em conjunto, um síntono R22(8) robusto em todos os quatro cristais, constituindo assim o bloco de construção estrutural básico em todos eles. O bloco de construção é ainda estendido através de interações N- Hstz...o=Sstz entre moléculas de STZ e através de outras interações fracas do tipo N-H...N, C-II...O, C-II...π e π. π. As estruturas cristalinas de STZ-2A5ClP e STZ-2A5BrP também apresentam interações C-H.X (X = Cl ou Br) mais fracas. A isoestrutura é de particular interesse para a conceção de novos materiais ópticos[88-89]. A isoestruturação é um fenómeno menos frequentemente observado do que o polimorfismo[87]. Isto deve-se ao facto de que mesmo uma alteração muito pequena na estrutura molecular pode ter uma influência significativa no empacotamento dos cristais. No entanto, os sólidos multicomponentes podem ser considerados como candidatos modelo para manter a isoestruturalidade, uma vez que a alteração do substituinte num dos componentes do sólido multicomponente pode ter um impacto menor no empacotamento cristalino global, quando comparado com as modificações manifestadas num sólido monocomponente[90]. A isoestruturalidade no empacotamento cristalino dos quatro sólidos acima referidos foi estudada por Wojnarska e colaboradores utilizando diferentes ferramentas como XPac, CrystalCMP e o software Mercury (foi utilizada a ferramenta de semelhança de empacotamento). O STZ-2AP e o STZ-2A5BrP apresentaram a menor isoestruturação, enquanto o STZ-2A5Cl e o STZ-2A5MP apresentaram a maior isoestruturação, sugerindo que a troca Cl ^ CH3 tem uma influência mínima no empacotamento dos cristais. Os índices de refração medidos experimentalmente e calculados teoricamente (utilizando a abordagem (Q)LFT) de todos os sólidos sintetizados correlacionaram-se bem com o empacotamento cristalino e as polarizabilidades dos derivados de 2-aminopiridina.

Sulfacloropiridazina (SCPZ)

S. SeethaLekshmi e colaboradores sintetizaram e estudaram as estruturas cristalinas de nove novas formas cristalinas - um polimorfo, dois solvatos e seis cocristais - de SCPZ para investigar a sua paisagem estrutural e, assim, ter acesso a diferentes pontos de referência inexplorados na sua paisagem cristalina, o que pode oferecer uma base racional para a conceção de novos sólidos multicomponentes[91]. Os coformadores que resultaram em cocristais são a 4,4'-bipiridina (BIPY) (cocristal SCPZ-BIPY e solvato de cocristal SCPZ-BIPY com THF), fenilpiridina (PPYR), 4- picolina (PIC), 4-aminopiridina (4-AP) e 1,4-diazabiciclo[2.2.2]octano (DABCO). O SCPZ-BPY co-cristaliza na proporção molar de 1:1 com as moléculas SCPZ e BIPY interagindo através de interações N-HSCPZ.NBIPY e $C\text{-}H_{BIPY}...O_{SCPZ}$. Embora o BIPY seja um ligante dibásico, é surpreendente notar que apenas um dos átomos de N hetero do BIPY interage com o SCPZ. A estrutura cristalina apresenta uma estrutura tipo fecho de correr em que as moléculas de BIPY estão inseridas entre as pilhas de SCPZ (constituindo interações π. π, Cl... π e N-HNH2(scpz)^ Osulfonyl(scpz)) interagindo através de interações N-HSCPZ.NBIPY e C-HBIPY.OSCPZ. A co-cristalização de SCPZ com BIPY no solvente THF resultou num solvato de cocristal 1:1. Ao contrário do cocristal SCPZ-BIPY, aqui ambos os átomos N do BPY são utilizados na interação com as moléculas do fármaco sulfa. O THF permanece passivo no empacotamento do cristal, uma vez que não está envolvido em qualquer tipo de interação com as moléculas de SCPZ ou BIPY. No entanto, actua como um agente de enchimento que ocupa o espaço criado pela estrutura hospedeira

constituída por moléculas SCPZ e BIPY, alterando assim o tipo de interação entre SCPZ e BIPY e modulando a arquitetura supramolecular. A estrutura cristalina apresenta um conjunto de moléculas de SCPZ em forma de pilar, formado por interações N-H$_{NH2(SCPZ)}$.O$_{sulfonil(SCPZ)}$. As unidades BIPY ocupam o espaço entre os pilares adjacentes, interagindo com as moléculas de SCPZ dos dois pilares através das interações N-H$_{SCPZ}$.N$_{BIPY}$ e C-H$_{BIPY}$.O$_{SCPZ}$, o que conduz a uma arquitetura global em forma de escada. O SCPZ-PPYR é um cocristal 1:1 cuja estrutura cristalina é um composto de SCPZ-BIPY e solvato de SCPZ-BIPY. Os parâmetros da célula unitária e a topologia 3D da estrutura são semelhantes aos do solvato SCPZ-BIPY, enquanto o conjunto molecular e as interações se assemelham ao SCPZ-BIPY. A estrutura cristalina apresenta uma arquitetura semelhante a um fecho de correr, como observado em
Cocristal SCPZ-BIPY. A estrutura do cocristal SCPZ-PIC 1:1 é semelhante à do cocristal SCPZ-BIPY, exceto no que diz respeito a um eixo b mais pequeno, o que pode dever-se à dimensão mais curta do PIC quando comparado com o BIPY. Na estrutura, as moléculas de SCPZ auto-montam-se através de ligações de hidrogénio N-H$_{NH2(scpz)}$...O$_{suifOnyi(scpz)}$ para formar hastes, e o PIC empilha-se ao longo do eixo z e é mantido nestas hastes através de ligações de hidrogénio N-H$_{SCPZ}$"-N$_{PIC}$, formando uma estrutura semelhante a um fecho de correr. A estrutura cristalina do cocristal SCPZ- 4-AP é totalmente diferente das estruturas anteriores devido ao grande envolvimento do grupo NH2 do 4-Ap nas ligações de hidrogénio. As moléculas de SCpZ auto-montam-se através de ligações de hidrogénio N- H$_{NH2(SCpZ)}$.O$_{sulfonil(SCpZ)}$ e N-H$_{SCpZ}$.N$_{SCpZ}$ para formar uma estrutura de haste dupla ao longo do eixo y. A arquitetura de haste dupla é caracterizada pela notação do conjunto gráfico de $R^4_4(16)$ e é composta por quatro moléculas SCpZ. Os espaços vazios da arquitetura bidimensional em forma de grelha quadrada formada pelo conjunto de moléculas SCpZ de haste dupla são ocupados por moléculas de 4-Ap que interagem com as moléculas SCpZ das hastes adjacentes através de interações N-HN, utilizando o átomo de piridilo N numa extremidade e o grupo NH2 na outra. Na estrutura final do cocristal SCpZ-DABCO, a SCpZ forma cadeias em ziguezague através de interações N-H$_{NH2(SCpZ)}$.O$_{sulfonil(SCpZ)}$. As moléculas de DABCO formam-se pendentes destas cadeias através de ligações de hidrogénio N-H$_{sulfonamida}$.N$_{DABCO}$. A interdigitação das moléculas de DABCO das cadeias vizinhas resulta numa estrutura fechada. Obtiveram-se dois novos solvatos de THF de SCpZ (com diferentes embalagens cristalinas) quando se tentou co-cristalizar SCpZ com piridina e ácido fumárico. Além disso, observou-se que a cristalização da SCpZ em solventes que não a água produziu a forma termodinamicamente estável SCpZ-1, enquanto que a adição de água ao acetonitrilo e a cristalização da SCpZ a partir da mistura 2:3

acetonitrilo-água produziu um novo polimorfo metaestável SCpZ-2 controlado cineticamente. O trabalho global realizado pelos autores pode ser resumido como "Os conhecimentos estruturais obtidos a partir de uma análise comparativa dos complexos moleculares mostram que as formas cristalinas podem pertencer à mesma paisagem, mas resultam de diferentes vias de cristalização devido a factores cinéticos intrincados e preferências de sintetizadores"[91].

Sulfametoxipiridazina (SMPZ)

A perda de água da estrutura hidratada durante o processamento e a absorção de água pela forma anidra do fármaco - quando em contacto com a água ou exposto à humidade - pode levar a problemas de compatibilidade. Por conseguinte, a investigação da estrutura cristalina da forma anidra e hidratada de um fármaco é de importância farmacêutica. Neste aspeto, Bettinetti e colaboradores investigaram a estrutura cristalina do sólido multicomponente SMPZ-TMP na forma anidra (SMPZ-TMP) e na forma hidratada (SMPZ-TMP-W) com 1,5 moléculas de água (W) de cristalização[92]. No SMPZ-TMP, não há transferência de protões entre os dois componentes e, portanto, o sólido resultante é um cocristal. O cocristal é formado por um par de ligações de hidrogénio N-H...N que constituem um sínton $R^2_2(8)$. A parte de aminopirimidina do TMP e a parte de imidopiridazina do SMPZ (que existe sob a forma de imida no cocristal) estão envolvidas como aceitadores e dadores de ligações de hidrogénio, respetivamente, na constituição deste sintetizador. O SMPZ-TMP-W é um sal hidratado, em que a presença de água na rede facilita a transferência de protões do SMPZ para o TMP. A associação molecular na estrutura hidratada é também afetada por um par de ligações de hidrogénio N-H...N (uma neutra N- II...N e uma assistida por carga N_+ -H...N^-) envolvendo o átomo N desprotonado da sulfonamida e o átomo N protonado do catião TMP. A análise topológica da estrutura cristalina do SMPZ-TMP-W revelou que todos os locais de água correspondem a cavidades fechadas em vez de canais, indicando uma participação extensiva da água nas ligações de hidrogénio. A estrutura cristalina explica a elevada estabilidade térmica do SMPZ-TMP-W, uma vez que o processo de desidratação exige a rutura completa da extensa rede de ligações de hidrogénio que envolve moléculas de água. Além disso, como a interação entre as moléculas de

SMPZ e TMP nos dois cristais estão em "antiparalelo" (no sentido de que os parceiros de ligação de hidrogénio são trocados), a transição do sólido de uma fase para outra deve ser acompanhada pela rutura completa das ligações de hidrogénio N-H...N e N_+ -H...N^- e formação de um novo par de ligações de hidrogénio N-H...N e vice-versa. A estrutura cristalina (estrutura tipo cavidade fechada) e a extensa ligação de hidrogénio em SMPZ-TMP-W são responsáveis pela estabilidade da estrutura cristalina que é mantida sob 0% de humidade relativa a 22°C e 20 mmHg. Por conseguinte, a transformação da fase anidra em hidratada e da hidratada em anidra pode ser interpretada em termos de estruturas cristalinas e ligações de hidrogénio.

Sulfametoxazol (SMX)

Zaini e colaboradores relataram a preparação e a caraterização de sólidos multicomponentes de SMX e TMP por diferentes métodos, tais como a técnica de lama e o processo de moagem, e caracterizaram-nos por diferentes técnicas, tais como DSC, PXRD, estudos térmicos, etc.[93-94]. Embora não haja evidências conclusivas, nos seus estudos, que revelem a formação de sal ou cocristal, os autores relataram ter obtido sucessivamente uma fase co-cristalina em cada caso. As tentativas de co-cristalizar SMX com TMP foram relatadas muito antes pelo método de sublimação[46] e pelo método de evaporação de solvente[47]. Embora os estudos de difração de raios X de cristal único de SMX-TMP realizados por Giuseppetti e colaboradores[46] tenham revelado uma co-cristalização bem sucedida entre SMX e TMP, um trabalho posterior sobre estudos SCXRD de cristais de SMX-TMP realizado por Nakai e colaboradores[47] refutou a formação de cocristais e confirmou a formação de sal facilitada pela transferência de protões NH da sulfonamida para o átomo N do anel hetero do TMP. Os estudos de FT-IR apoiaram ainda mais a sua afirmação[47]. Esta discrepância sugere que os métodos experimentais utilizados para a co-cristalização podem desempenhar um papel decisivo no resultado da experiência de co-cristalização, demonstrando assim as dificuldades, em geral, em sintetizar os cocristais da estrutura desejada.

Alsubaie e colaboradores tentaram efetuar a síntese multicomponente em fase sólida de SMX com dezoito coformadores diferentes (Figura 4.2), utilizando a moagem de bolas e o método de evaporação de solventes[95]. Treze coformadores deram origem a novas fases co-cristalinas, quatro deram fases co-amorfas e um deu origem a um sal. A cristalização em solução produziu cristais únicos de cinco sólidos, dos quais quatro eram co-cristais e um era um sal. Observou-se que apenas os coformadores que possuíam ligações de hidrogénio mais fortes do que os oxígenos sulfonílicos da SMX eram capazes de formar um cocristal ou um sal. Foram obtidas novas fases co-cristalinas de SMZ com ebipy nas proporções molares de 1:0,5 e 1:1. O estudo SCXRD do cocristal 1:1 mostrou que o cocristal apresenta ligações de hidrogénio N-H...N, em que o forte dador de ligações de hidrogénio viz N-H (sulfonamida) de SMX doa o seu protão ao forte aceitador de ligações de hidrogénio viz átomo de piridina N de ebipy. Apenas um dos átomos de N do ebipy está envolvido na ligação H e é provável que também seja possível um co-cristal 2:1 com ambos os átomos de N

envolvidos na ligação de hidrogénio. A unidade assimétrica do cocristal SMX-pbipy consiste em duas moléculas de SMX e pbipy, uma molécula de SMX ligada à pbipy através de ligações de hidrogénio N-Hsulfonamida.Npbipy semelhantes às observadas no cocristal SMX-ebipy. No entanto, ao contrário do SMX-ebipy, aqui ambos os átomos N do pbipy estão envolvidos na ligação de hidrogénio. O cocristal SMX-bipy é um exemplo de uma estrutura de alto Z' que inclui quatro moléculas de SMX e seis de bipy na sua unidade assimétrica. A estrutura cristalina apresenta ligações de hidrogénio N-Hsulfonamida.Npbipy como observado nas estruturas anteriores, no entanto, tal como o ebipy, apenas um átomo de N participa na ligação de hidrogénio.
A estrutura cristalina também apresenta cadeias C(8) de N-Hsulfonamida e Osulfonamida ligadas por hidrogénio. O elevado Z' exibido pela estrutura foi atribuído ao equilíbrio entre a mola de torção e o empacotamento da rede na estrutura[95].

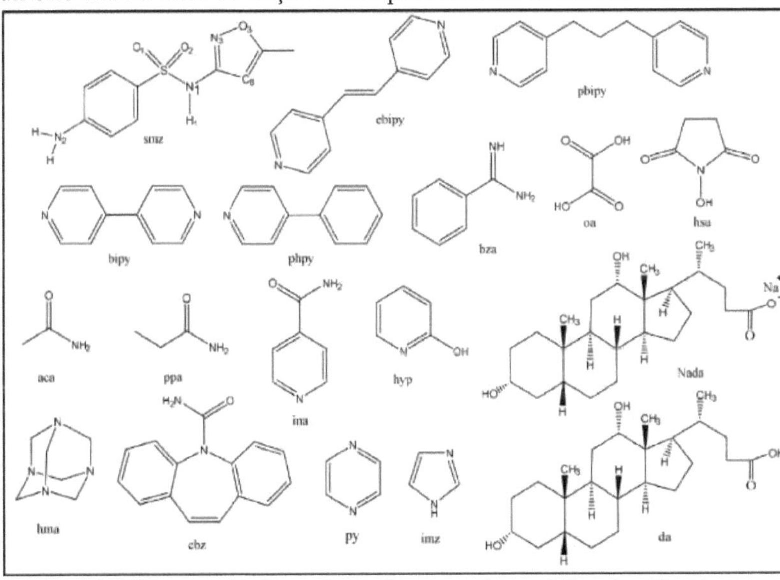

Figura 4.2. Diferentes coformadores (e respectivos códigos) utilizados para a síntese sólida multicomponente de SMX por Alsubaie e colaboradores[95].

A estrutura cristalina do cocristal de SMX com phpy - um composto relativamente mais simples mas estreitamente relacionado com o bipy - adopta uma estrutura muito simples com apenas uma molécula de SMX e phpy na unidade assimétrica. A estrutura apresenta ligações NHsulfonamida - --Npbipy ^{hyd}ro^{gen} e. N-Hsulfonamida - - -Osulfonamida ^{hyd}ro^{gen} cadeias C(8) ligadas como em SMX-bipy. O sistema SMX.bza é um sal, cuja estrutura cristalina apresenta um anião SMX e um catião bza unidos por ligações de hidrogénio N^{-} SMX...N^{+} H2,bza e N-Hbza-NsMx, em que bza oferece ambos os locais de aceitação de ligações de hidrogénio. Os estudos de dissolução das formas polimórficas I e II da SMX, dos cocristais de SMX com ebipy, bipy, phpy, pbipy, dos sistemas coamórficos e do sal SMX-bza foram efectuados a 37 °C em tampão de pH 5,5[95]. Surpreendentemente, as formas I e II da SMX apresentaram taxas de dissolução mais elevadas do que qualquer um dos cocristais. Trata-se de um resultado surpreendente, dado que as formas I e II da SMX têm energias de rede mais elevadas do que os cocristais, pelo que se espera que tenham taxas de dissolução mais baixas. A lógica de que a co-cristalização de um IFA melhora a solubilidade do IFA nem sempre é válida. A justificação mais adequada para este comportamento inesperado pode ser atribuída às forças das ligações de hidrogénio. Os cocristais estudados no presente trabalho têm fortes ligações de hidrogénio com distâncias D...A próximas de 2,8 Â, enquanto nas estruturas das formas 1 e 2 do SMX, as distâncias D...A são superiores a 3,2 Â. A tendência de solubilidade relativa observada entre os cocristais pode ser atribuída a vários parâmetros como energia Clp, índices de empacotamento (PI) e pontos de fusão. O SMX-bza, apesar de ser um sal, apresentou uma taxa de dissolução mais baixa, o que pode ser devido à sua elevada energia de rede, indicada pelo seu ponto de fusão relativamente elevado.

Sulfametrole (SMT)

Não existem trabalhos na literatura - até onde sabemos - que citem as sínteses e estruturas de cocristais de SMT. M. R. Caira e colaboradores estudaram as estruturas monocristalinas de complexos moleculares entre os fármacos antibacterianos tetroxoprim (TXP) e SMT obtidos pelo método de cristalização por solvente utilizando metanol, etanol e água[96]. A enantiotropia de ordem-desordem, a monotropia e a isoestruturação destes complexos foram investigadas em termos de estudos cristalográficos e térmicos. Além disso, Bettinetti e colaboradores estudaram o comportamento térmico em relação à troca de solventes destes complexos isoestruturais[97]. Uma vez que os três complexos resultaram em sais solvatados, $TXP^{+\ -SMT(-)}.CH_3OH$, $TXP^{+\ -SMT(-)}.C_2H_5OH$ e $TXP^{+\ -SMT(-)}.H_2O$, sendo as suas estruturas moleculares confirmadas por M.R. Caira e colaboradores através de estudos SCXRD[96], estas estruturas são omitidas da discussão posterior, uma vez que não se enquadram no âmbito da presente discussão.

COCRISTAIS DE SULFAPIRIDINA, SULFASALAZINA E SULFAMETIAZOL

CAPÍTULO 5

COCRISTAIS DE SULFAPIRIDINA, SULFASALAZINA E SULFAMETIAZOL

O Capítulo 5 descreve os cocristais de Sulfapiridina (SPY), Sulfassalazina (SSZ) e Sulfametiazol (SMH), com diferentes coformadores relatados na literatura, enfatizando especialmente sua síntese, estudos estruturais, estudos de fase e estabilidade e aplicações.

A Tabela 5.1 resume os cocristais de SPY, SSZ e SMH registados na literatura. As suas sínteses, estruturas e propriedades são discutidas abaixo em pormenor.

Tabela 5.1 Cocristais/sólidos multicomponentes de SPY, SSZ e SMH com diferentes coformadores registados na literatura.

SD	Coformador e código	Resultado	Conformação de SD em cocristal	Método de síntese	Ref. Não.
SPY	Ácido 3-nitrobenzóico (3NBA) Ácido 4-nitrobenzóico (4NBA) Ácido 5-bromossalicílico (5BSA) Ácido 3,5-dibromossalicílico (DBSA) Ácido 3,5-dinitrosalicílico (DNSA) 4-Dimetilamino piridina (4DMAP)	Sal de cristal 1:1 Sal de cristal 1:1 Sal Cocristal 1:1	Amidina Amidina Imidina	SE	98
SD	**Coformador e código**	**Resultado**	**Conformação de SD em cocristal**	**Método de síntese**	**Ref. Não.**
SPY	2-Aminopiridina (2aP) 2-Amino-3-nitropiridina (2a3np) 2-Amino-5-	1:1 cocristal 1:1 cocristal 1:1 cocristal 1:1 cocristal	Imidina Imidina Imidina Imidina	Moagem SE, seca e LA	99

	nitropiridina (2a5np) 2-amino-5- Cloropiridina (2a5cp) Ácido 2-cloro-4- nitrobenzóico (2c4n)	Sal			
SSZ	Trimetoprim (TMP) Nicotinamida (NIC) Teobromina	Cocrystal e Sal Cocrystal Cocrystal	Não disponível (NA)	NA	100, 101
	4,4'-Bipiridina (BIPY) 1,2-Bis(4-piridil) etano (BPE) Fenazina (PHE) 4-Aminopiridina (4AP) 4,4'- Trimetileno dipiridina (TMD) Imidazol (IMZ)	Solvato 2:1 do cocristal (SSZ:BIPY) Solvato 2:1 do cocristal (SSZ:BPE) Solvato 2:1 do cocristal (SSZ:PHE) Sal Sal Sal	Imidina Imidina Imidina Amidina Amidina Imidina	SE	102

SD	**Coformador e código**	**Resultado**	**Conformação de SD em cocristal**	**Método de síntese**	**Ref. Não.**
SSZ	2-Aminopirimidina (2-AP) N,N'-dimetilamino piridina (DMAP) Acridina (ACRI)	A natureza dos novos sólidos multicomponentes obtidos com 2AP, DMAP e ACRI não foi determinada.	-	SE	102
SMH	Ácido p- aminobenzóico (PABA) Ácido vanílico (VLA) 4-Aminobenzamida (4AB) 4,4'-Bipiridina (BIPY) Ácido suberico (SBA) Ácido oxálico (OA)	1:1 cocristal 1:1 cocristal 1:1 cocristal 1:1 cocristal 2:1 cocristal (SMH:SBA) Sal Cocristal 2:1 (SMH:ADP)	Imidina Imidina Imidina Amidina Imidina Amidina	LAG, SE	25

	Ácido adípico (ADP)				
	Sarcosina (SAR)	1:1 cocristal	Imidina	SE	110
	Sacarina (SAC) L-	1:1 cocristal	Imidina		111
	prolina (L-Pro)	1:1 cocristal	Imidina		

Sulfapyridine (SPY)

K.N. Shunje relatou as estruturas cristalinas de cristais multicomponentes de SPY e SDZ com diferentes coformadores capazes de formar sólidos multicomponentes através de diversas interações intermoleculares[98]. Os ácidos 3-nitro/4-nitrobenzóico ((3NBA/4NBA), 5-bromo/3,5-dibromo/3,5,-dinitro salicílico (5BSA/DBSA/DNSA) e 4-dimetilaminopiridina (4DMAP) foram utilizados como coformadores. As estruturas cristalinas individuais dos sólidos multicomponentes são discutidas em pormenor. SPY formou cocristais com 3NBA, 5BSA e 4DMAP (SPY.3NBA, SPY.5BSA e SPY.4DMAP) na proporção de 1:1, enquanto que os sais foram obtidos com a combinação de SPY com 4NBA, DBSA, DNSA (SPY^+ .$4NBA^-$, SPY^+ .$DBSA^-$ e SPY^+ .$DNSA^-$), e combinação de SDZ com DNSA (SDZ^+ .$DNSA^-$). Todos os sólidos foram caracterizados pelas técnicas DSC, TGA, FTIR, SCXRD, PXRD e NMR. Ambos os SDs exibiram tautomerismo, o que promoveu a síntese multicomponente ao se conformar com as exigências geométricas de diferentes coformadores. O trabalho também investigou como as interações homo SD...SD foram perturbadas pela introdução de coformadores com acidez e grupos funcionais variáveis.

O cocristal SFP^3NBA (1:1) foi formado através da interação amidina-ácido carboxílico (O-H.N e N-H.O) formando um heterodímero $R^2_2(8)$ discreto. Uma estrutura 2D estendida que aparece como uma rede em favo de mel com canais é formada através de um par de ligações de hidrogénio N-H.O entre moléculas SPY resultantes da interação amina NH_2.SO2 sulfonil. Os canais são preenchidos com moléculas de 3NBA que interagem com SPY através de interações amidina-ácido carboxílico e outras interações fracas adicionais do tipo C-H.O e interações π-π entre os anéis aromáticos do ácido carboxílico e os anéis de piridina (Figura 5.1).

Embora o empacotamento cristalino do sal SPY^+ .$4NBA^-$ não seja abordado aqui, é digno de nota comparar sua estrutura com o cocristal SPY.3NBA. Embora os grupos espaciais de SPY.3NBA e SPY^+ .$4NBA^-$ sejam diferentes, os parâmetros da célula unitária, a conformação molecular de SPY em ambas as estruturas e a rede construída a partir das moléculas de SPY são semelhantes. Ambos os coformadores rompem os dímeros de amidina entre as moléculas de SPY e formam heterossintões. Os substituintes nitro em ambos os coformadores não participam na ligação intermolecular. No entanto, como o 4NBA é relativamente mais forte do que o 3NBA, o primeiro resultou num sal molecular, enquanto o segundo formou um cocristal.

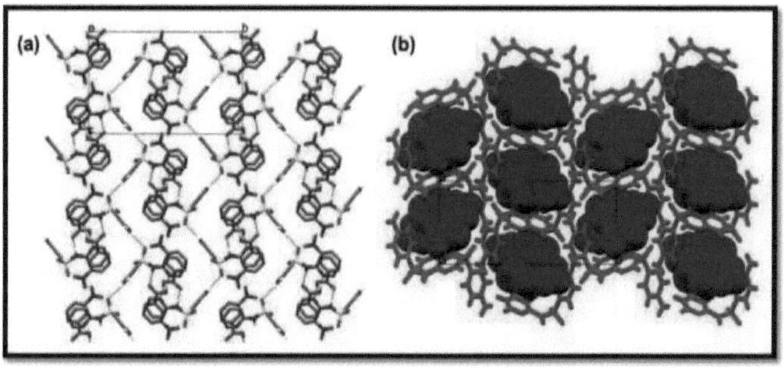

Figura 5.1. (a) Vista do empacotamento cristalino observado no cocristal SPY.3NBA; b) A rede em favo de mel de moléculas SPY (vermelho) cria canais que são ocupados por moléculas 3NBA (azul) que interagem com SPY através de várias interações[98].

Ao contrário das ligações de hidrogénio amidina... ácido carboxílico/carga assistida amidina..carboxilato observadas em cocristais/sais entre SPY e ácidos nitrobenzóicos, bem como outros ácidos, SPY.5BSA é um cocristal 1:1 formado pela interação entre SPY e 5BSA através de uma ligação de hidrogénio O-H.N, em que o OH do ácido carboxílico doa uma ligação de hidrogénio ao átomo de amina N de SPY. O hidroxilo O-H está ligado ao grupo carbonilo do ácido carboxílico através de uma ligação de hidrogénio intramolecular e, por conseguinte, não participa na ligação de hidrogénio intermolecular. Como resultado, o homodímero robusto de oito membros existente entre as moléculas SPY, constituído por um par de ligações de hidrogénio N-H.N, é mantido no cocristal. Os dímeros adjacentes de SPY associam-se através de interações $\pi.\pi$ face a face (envolvendo anéis de benzeno de SPY) formando uma estrutura estendida. O empacotamento cristalino é estabilizado por interações mais fracas da forma C-H.Br e Br.O. O efeito da adição de outro átomo de Br a 3BSA para formar DBSA é reduzir o valor de pKa de 2,63 para 2,49. A consequência deste facto é que a DBSA forma um sal com o SPY em vez de um cocristal. Na estrutura cristalina do SPY^+ .$DBSA^-$, a interação heterodimérica amidina-piridínio-carboxilato é preservada como no sal SPY^+ .$4NBA^-$. Foi feita uma tentativa de co-cristalizar o SPY com DMAP para verificar se a variação da acidez do coformador teria um efeito nas interações intermoleculares, nos padrões de ligação de hidrogénio e/ou no empacotamento dos cristais. Foi obtido um cocristal SPY.DMAP 1:1 pelo método de evaporação de solvente numa mistura 1:1 de etanol-água. O cocristal apresenta uma interação intermolecular imidina-piridina que inclui interações $N\text{-}H_{imidina}\text{-}N_{piridina}$ e $C\text{-}H_{piridina}\text{-}N_{imidina}$, formando um heterodímero $R^2_2(7)$. A estrutura alargada resulta de interações $NH2_{(amina)}.SO2_{(sulfonilo)}$ entre moléculas SPY construídas por duas ligações de hidrogénio N-H.O semelhantes às observadas no SPY.3NBA e no SPY^+ .$4NBA^-$. É de notar que, apesar da diferença nas funcionalidades que ocorrem no DMPA quando comparado com o 3NBA e o 4NBA, todas as três estruturas cristalinas adoptam padrões de empacotamento cristalino semelhantes. A estrutura do SDZ^+ .$DNSA^-$ não é discutida aqui.

M. C. Scheepers e A. Lemmerer sintetizaram vários cristais multicomponentes de SPY, STZ e SMX utilizando vinte e cinco coformadores diferentes[99]. Os seus esforços produziram cinco cocristais e um sal com STZ, três cocristais e um sal com SMX, e quatro cocristais e um sal com SPY, cada um com diversas redes de ligações de hidrogénio. Os sólidos multicomponentes foram obtidos por diferentes métodos, tais como cristalização em solução, moagem seca e assistida por líquido, e foram caracterizados por DSC, TGA e espetroscopia de IV e estudos SCXRD. A síntese de sólidos multicomponentes foi mais bem sucedida com a 2-aminopiridina e os seus derivados, seguida dos derivados do ácido benzoico. Os estudos SCXRD dos cocristais e sais revelaram que todos os sólidos multicomponentes dos derivados de SD- aminopiridina sustentavam motivos de ligação de hidrogénio baseados em anéis, enquanto os sólidos multicomponentes dos ácidos benzóicos SD foram realizados através de ligações de hidrogénio entre o ácido carboxílico e o grupo sulfonamida ou entre o ácido carboxílico e o grupo anilina do SD[99]. É interessante notar que os padrões acima referidos se mantiveram independentemente do facto de o sólido obtido ser um cocristal ou um sal. A 2-aminopiridina (2ap), a 2-amino-3-nitropiridina (2a3np), a 2-amino-5-nitropiridina (2a5np), a 2-amino-5-cloropiridina (2a5cp) e a 4,4'-bipiridina (bipy) formaram cocristais com a STZ, enquanto o ácido 3,5-dinitrobenzóico (dnba) formou um sal molecular. Em todas as estruturas, a STZ adoptou a forma tautomérica imidina, na qual o protão do átomo N do grupo sulfonamida foi transferido para o átomo N do anel tiazol. Em cada um dos casos de derivados de aminopiridina, o grupo aminopiridina formou ligações de hidrogénio com o grupo sulfonimida da STZ através de contactos N-H...N complementares, formando o motivo R22(8). Em contrapartida, a STZ-bipy é um cocristal 2:1 com duas moléculas de STZ ligadas por hidrogénio à bipy através da interação $N\text{-}HSTZ_{(anel\ tiazólico)}.N_{piridina}$. O sal molecular STZ- dnba 1:1 é obtido através da transferência de protões entre o grupo ácido carboxílico do dnba e o grupo anilina da STZ. Forma-se um trímero constituído por dois iões STZ^+ e um ião $dnba^-$ em que os protões de anilina de ambas as STZ estão envolvidos em ligações de hidrogénio - um com o átomo de sulfonamida N e outro com o átomo de carboxilato O - resultando em ligações de hidrogénio N-H.N e N-H.O, respetivamente.

A SMX, nos seus cocristais com 3-cianopiridina (3cnp), 4-cianopiridina (4cnp) e dnba, apresenta a forma de amidina. Os cocristais 1:1 de SMX com 3cnp e 4cnp são formados através de ligações de hidrogénio $N\text{-}H_{SMX(sulfonamida)}.N_{piridina}$ entre SMX e os respectivos coformadores. As estruturas cristalinas de ambos são ainda expandidas através de ligações de hidrogénio $N\text{-}H_{SMX(anilina)}.N_{nitrilo}$ e $N\text{-}H_{SMX(anilina)}.O_{SMX}$. Ao contrário da STZ-dnba, a SMX-dnba é um cocristal 1:1 formado através de ligações de hidrogénio $O\text{-}H_{dnba}.N_{SMX(sulfonimida)}$. A formação de sal no caso de STZ-dnba e cocristal no caso de SMX-dnba estão de acordo com a regra ΔpKα. A estrutura cristalina de SMX-dnba é estendida através de duas ligações de hidrogénio $N\text{-}H_{SMX(anilina)}.O_{dnba(nitro)}$ e uma ligação de hidrogénio N-H.N complementar entre moléculas de SMX formando um padrão homodimérico $R^2_2(8)$. A SMX forma um sal 1:1 com a N,N-dimetil amino piridina (4dmap), transferindo o protão N-H da sulfonamida para o átomo N da piridina da 4dmap e formando ligações de hidrogénio $N^+_{4dmap}\text{-}H...N^-_{SMX}$.

Nos cocristais 1:1 de SPY-2ap, SPY-2a3np, SPY-2a5np e SPY-2a5clp, a molécula SPY adopta a configuração de imidina com os grupos sulfonimida de SMZ formando ligações de hidrogénio N-H.N complementares com os grupos aminopiridina, resultando em motivos $R^2_2(8)$. Isto é semelhante ao observado nos sistemas de derivados de STZ-aminopiridina. As estruturas cristalinas de cada um são ainda alargadas através de ligações de hidrogénio cuja natureza e tipos variam de uma estrutura para outra. Uma combinação de SPY e ácido 2-cloro-4-nitrobenzóico (2c4n) produziu um sal molecular 1:1 resultante da transferência de protões de 2c4n para SPY. Isto resultou numa ligação de hidrogénio $R^2_2(8)$ sintetizada compreendendo o carboxilato e o grupo sulfonamida. A formação do sal não pôde ser prevista com base na regra ΔpKα, pois prevê a formação de cocristal entre SPY e 2c4n em vez de um sal. A razão para isso pode ser devido ao facto de os pKa's de todas as moléculas serem calculados em água, enquanto que as experiências de co-cristalização foram realizadas em solventes orgânicos.

Sulfassalazina (SSZ)

Os materiais cristalinos multicomponentes de SSZ, nomeadamente o cocristal e o sal de SSZ-TMP, os cocristais de SSZ-NIC e SSZ-teobromina demonstraram um perfil de dissolução superior ao do API puro[100,101]. Como as suas estruturas cristalinas não estão disponíveis na literatura, os seus comportamentos de solubilidade melhorados não puderam ser correlacionados com as suas estruturas cristalinas. Huang e colaboradores exploraram a capacidade da SSZ

para formar múltiplas formas de sólidos multicomponentes com diferentes coformadores GRAS[102]. Foram obtidos três cocristais de SSZ com BIPY, 1,2-bis(4-piridil) etano (BPE) e fenazina (PHE) e três sais com 4AP, 4,4'-trimetilenodipiridina (TMD) e imidazol (IMZ), utilizando vários métodos, tais como a polpa, a trituração assistida por líquido e a evaporação lenta. Além disso, foram capazes de obter novos sólidos multicomponentes de
SSZ com PIP, 2-aminopirimidina (2-AP), DMAP e acridina (ACRI). No entanto, as tentativas de obtenção de monocristais destes sólidos não foram bem sucedidas, e a formação de uma nova fase sólida foi confirmada por estudos de PXRD.

Uma combinação de SSZ com BIPY foi obtida como um solvato de cocristal (com tolueno como solvente) com a fórmula (SSZ)rBIPY^(Tol)$_{0.8}$, enquanto a SSZ com BPE deu origem a um solvato de cocristal (com etanol como solvente) com a fórmula (SSZ)rBPE\EtOH)$_2$, e sistema SSZ-PHE deu origem a um cocristal (SSZ)rPHE com uma molécula de SSZ e meia molécula de PHE na unidade assimétrica. A unidade assimétrica do sal SSZ4AP contém dois aniões SSZ^- e dois catiões $4AP^+$, enquanto a do sal SSZ-TMD contém um catião TMD^+ e um anião SSZ^-, e a do sal SSZ-IMZ contém um anião SSZ^-, um catião IMZ^+ e uma molécula de acetonitrilo[102]. Os autores estudaram extensivamente as estruturas cristalinas destes sólidos multicomponentes e observaram que, apesar de uma certa diversidade na natureza e tipos de interações intermoleculares que caracterizam estes sólidos, a estrutura subjacente em todos os cristais é a mesma. O-I I...N, & C-I I... O interações intermoleculares discretas entre a SSZ e os coformadores, as interações N- I.N e C-I.O entre as moléculas de SSZ formam coletivamente um motivo $R^2_2(7)$:$R^2_2(8)$:$R^2_2(7)$ que é comummente observado em todos os sólidos investigados neste trabalho. Embora o material de partida, ou seja, a SSZ utilizada na preparação de cocristais/sais fosse a forma imida, as moléculas de SSZ em cocristais/sais apresentaram tautomerização amidina-imida, conforme resumido na Figura 5.2. Os autores concluem que "a introdução de formadores de cocristais/sais rompe as ligações de hidrogénio entre as moléculas de SSZ na SSZ imida, formando seis sistemas multicomponentes com diferentes arranjos moleculares e embalagens cristalinas, com o motivo $R^2_2(7)$:$R^2_2(8)$:$R^2_2(7)$ mantido em todas as estruturas" (Figura 5.3).

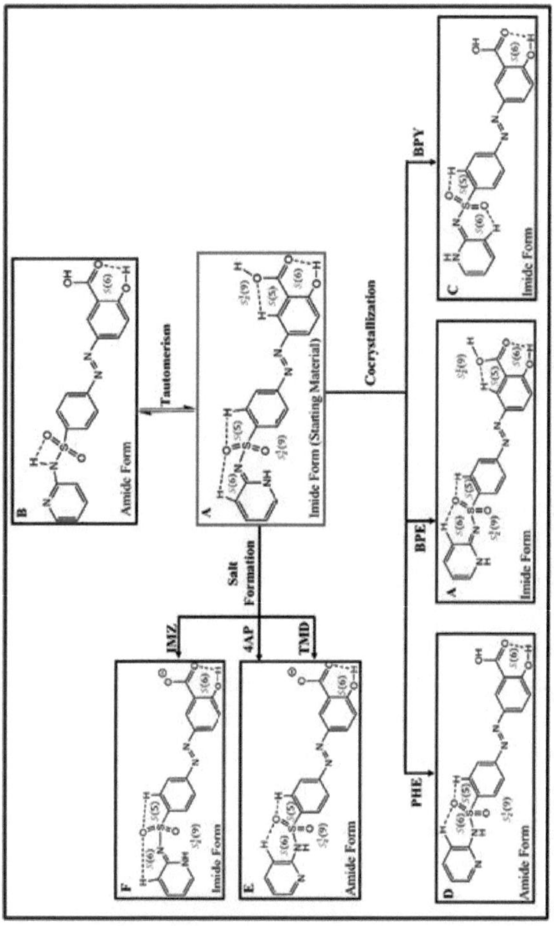

Figura 5.2. Conformações moleculares da SSZ e SSZ- em várias formas sólidas observadas no trabalho de Huang e colaboradores[102].

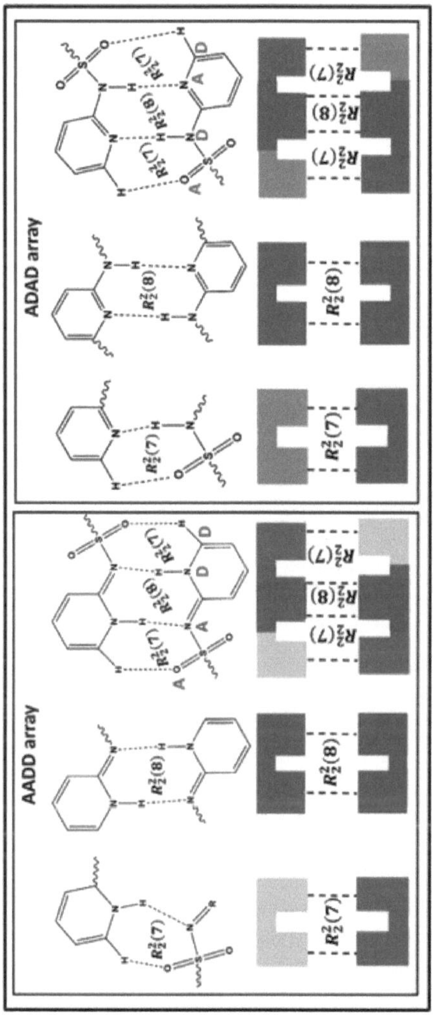

Figura 5.3. Arranjos AADD (à esquerda) e AD AD (à direita) observados entre duas moléculas de SSZ/aniões SSZ' em vários sólidos de SSZ estudados por Huang e colaboradores[102].

O motivo $R^2_2(7)$:$R^2_2(8)$:$R^2_2(7)$ envolvendo duas moléculas de SSZ adjacentes, presente em todas as estruturas, deve-se a duas situações. As duas situações diferem nas posições do átomo de hidrogénio. Se a molécula de SSZ adotar a forma de imida no cocristal/sal, isso conduz ao arranjo AADD (D: dador de ligações de hidrogénio, A: aceitador de ligações de hidrogénio) (Figura 14). Por outro lado, o arranjo ADAD ocorre se as moléculas de SSZ estiverem na forma de amida (Figura 14).

Sulfametiazol (SMH)

Embora algumas sulfonamidas apresentem uma solubilidade muito boa, a sua biodisponibilidade é limitada devido à semi-vida de eliminação rápida. Por conseguinte, as sulfonamidas têm de ser consumidas em doses mais elevadas[103]. O SMH, um antibiótico que inibe a síntese de folato em microorganismos[24], tem boa solubilidade de 1,05 g/L a 37 °C em água[104]. No entanto, devido ao seu rápido metabolismo e eliminação sistemática, tem uma semi-vida curta de 2,1 h[105]. Neste contexto, K. Suresh e colaboradores efectuaram ensaios de seleção de cocristais, solubilidade e dissolução de SMH com coformadores contendo diferentes grupos funcionais, tais como ácido carboxílico, amida, amina e piridina[25]. O PABA, o ácido vanílico (VLA), o 4AB, o BIPY, o ácido sórbico (SBA), o ácido oxálico (OA) e o ácido adípico (ADP) foram utilizados para a experiência de seleção de cocristais. Os monocristais de seis cocristais, nomeadamente, SMH-PABA (1:1), SMH-VLA (1:1), SMH-AB (1:1), SMH-BIPY (1:1), SMH-ADP (1:0,5) e SMH-SBA (1:0,5), e um sal viz SMH-OA (1:1) foram obtidos por métodos de co-mistura assistida por líquido e de cristalização por solvente. Os estudos de difração de raios X de cristal único de todos os cristais multicomponentes mostraram que as ligações N-H...N das moléculas de SMH que existem nos cristais de SMH[106] são interrompidos nos cocristais/sais (a única exceção é o sistema SMH-PABA, em que os dímeros $R^2_2(10)$ das moléculas de SMH e os dímeros de ácido $R^2_2(10)$ das moléculas de PABA observados nas estruturas cristalinas de SMH e PABA puros são preservados no cocristal de SMH-PABA) e são substituídos por novos e distintos síntons (ver Figura 5.4). Todos os cristais apresentam fortes ligações de hidrogénio N-H---O e O-H---N, e interações C-H---O fracas. Além disso, as interações intermoleculares menos comuns S---O (tipo II) e S---N (tipo II) são observadas nos cocristais SMH-ADP e SMH-BIPY, respetivamente. A formação do sal/cocristal em todos os sistemas SMH-coformer estudados pode ser prevista pela regra ΔpKα. No caso dos sistemas SMH-ADP e SMH-SBA, os valores de ApKéi caem na zona cinzenta, ou seja, entre 0 e 3, e, portanto, a regra ΔρKα prevê que o aduto seja um sal ou um cocristal. O único contrário é o sistema SMH-OA para o qual ApKéi é menor que um, e a regra prevê a formação de cocristal, mas na realidade, é um sal contradizendo a regra. O posicionamento especial dos grupos funcionais (a presença de dois grupos carboxílicos adjacentes no caso do OA) favorece a formação de sais[107] (a formação do anião oxalato é estabilizada pelo grupo carbonilo proximal e favorece assim a desprotonação) e, portanto, o motivo de ligação de hidrogénio amónio...diceteno na estrutura do SMH-OA conduz à desprotonação apesar do menor valor de ApKa. Os cocristais SMH-ADP, SMH-SBA e o sal SMH-OA apresentaram menor taxa de dissolução intrínseca e solubilidade de equilíbrio do que o SMH em meio de HCl 0,1N. Isto deve-se às ligações de hidrogénio mais fortes e ao empacotamento eficiente dos cristais nos cocristais do que no SMH. Isto ajudaria a a libertação controlada ou prolongada da SMH, melhorando assim a sua atividade terapêutica ao reduzir a sua rápida eliminação sistemática in vivo[25]. Os estudos de transformação de fase da SMH- ADP, SMH- SBA e SMH-OA em meios ácidos (HCl 0,1 N) e neutros (tampão fosfato) foram efectuados dissolvendo os materiais de partida (ou seja, SMH e respectivos coformadores) numa proporção molar de 1:1 em 5 mL do meio. Observou-se que, no caso da SMH-ADP e da SMH-SBA, não há formação de cocristais em ambos os meios de suspensão, mesmo após 24 horas. No entanto, no caso de SMH-OA, a análise do resíduo por PXRD mostrou que a mistura física de SMH e OA em HCl 0,1 N resultou em sal após 1 h), enquanto no meio de tampão fosfato, no entanto, SMH e OA permaneceram como espécies separadas. A formação de sal em meio ácido e a incapacidade de o sistema existir como sal em meio neutro estão de acordo com o conceito HSAB[108,109]. Yue Yuan e colaboradores obtiveram cristais simples de dois novos cocristais farmacêuticos de SMH com coformadores sarcosina (SAR) e sacarina (SAC) pelo método de difusão de solventes[110]. Utilizaram a estratégia de semelhança estrutural usando o cocristal entre SMH e L-prolina (L-Pro) como base para conceber os cocristais SMH-SAR e SMH-SAC[111]. Os estudos de XRD de cristal único mostraram que o cocristal SMH-SAR (1:1) e o cocristal SMH-L-Pro (1:1) apresentam interações de ligação de hidrogénio e caraterísticas de empacotamento de cristais quase semelhantes, reflectidas pela semelhança nos parâmetros da célula unitária e nos padrões de PXRD. Ambos são cocristais iónicos, uma vez que tanto a SAR como a L-Pro nos respectivos cocristais exibem uma forma zwitteriónica[110,111]. Cada estrutura forma unidades tetraméricas $R^4_4(28)$ contendo duas unidades assimétricas (cada unidade assimétrica contendo uma molécula de SMH e coformador) interligadas através de duas ligações de hidrogénio N-II...O. Estas unidades tetraméricas básicas em cada estrutura estendem-se primeiro para formar um tubo molecular e depois para arquitecturas supramoleculares 3D complexas através de várias ligações de hidrogénio N-I.O e N-I.N. O cristal do cocristal SMI-SAC 1:1 caracteriza-se pela ausência de fortes interações heteromoleculares entre SMH e SAC e, na sua ausência, interações intermoleculares C-I.O fracas (com uma distância O...II muito longa de 2,58 Â) caracterizam a formação do cocristal. Este cocristal apresenta fortes interações homomoleculares, tal como o cocristal SMH-SBA[25] e ao contrário de muitos outros cocristais, sugerindo que se pode esperar um polimorfo deste cocristal onde as interações heteromoleculares são relativamente mais fortes do que as interações homomoleculares. O cocristal SMH- SAC forma uma estrutura 3D hospedeiro-hóspede, em que moléculas SMH mais longas se associam numa estrutura reticular hexagonal através de fortes ligações de hidrogénio N-I.O e um par de ligações de hidrogénio N-I.N. Os grandes espaços vazios (constituindo 47,1%) criados pela montagem das moléculas de SMH são preenchidos por dímeros de SAC formados

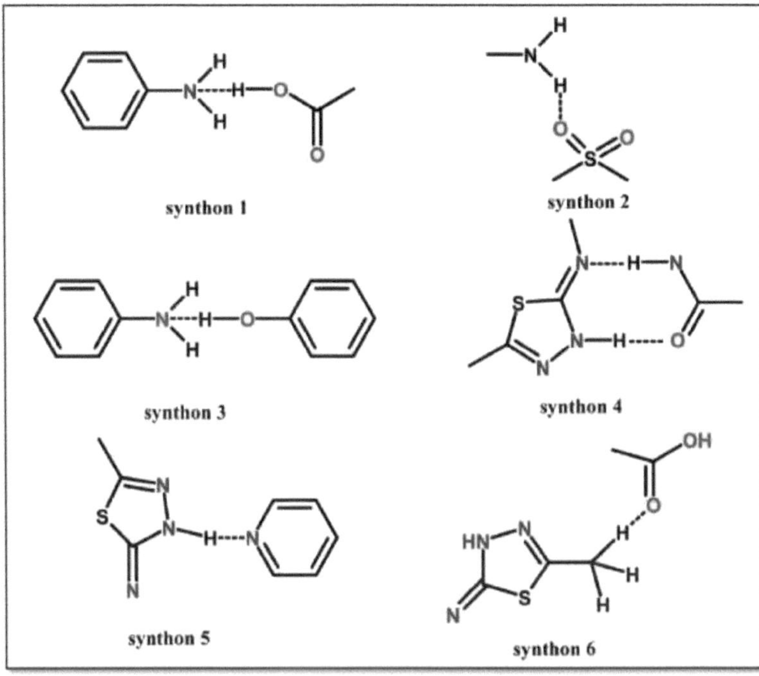

Figura 5.4. Diferentes sínteses supramoleculares observadas nos cocristais SMH estudados por Suresh e colaboradores[25].

por fortes ligações de hidrogénio N-H...O entre as moléculas de SAC, a molécula de SAC do dímero interage fracamente através de uma fraca interação C-H...O com a molécula de SMH da estrutura hexagonal. Como em todos os cocristais de SMH relatados anteriormente[25], SMH-SAC, SMH-SAR e SMH-L-Pro demonstraram menor solubilidade de equilíbrio e taxas de dissolução intrínsecas em comparação com SMH, e são, portanto, formas sólidas adequadas de SMH para melhorar seu desempenho terapêutico. As taxas de dissolução intrínseca dos três cocristais seguiram a ordem SMH-L-Pro > SMH-SAR > SMH-SAC, o que pode estar correlacionado com a força de várias ligações de hidrogénio homoméricas e heteroméricas e com o empacotamento mais apertado nos cocristais[110].

CONCLUSÃO

A maioria dos medicamentos à base de sulfa, devido à sua fraca solubilidade e/ou permeabilidade, perde o seu lugar na indústria farmacêutica, uma vez que têm de ser consumidos em doses maiores. Embora existam diferentes formas de abordar estas questões, a co-cristalização é uma técnica eficaz para ultrapassar o problema da solubilidade, uma vez que (i) é um método versátil (ii) não compromete a integridade estrutural dos SDs (iii) não só melhora a solubilidade, como também melhora outras propriedades, tais como a comensurabilidade, a higroscopicidade, a atividade biológica, a estabilidade, etc. (iv) é possível obter cocristais com propriedades personalizadas através da seleção adequada de coformadores ou variando a estequiometria. No entanto, a síntese de cocristais não é assim tão fácil, uma vez que duas moléculas diferentes têm de ser incorporadas numa única estrutura cristalina. Há questões como a não obtenção de monocristais de boa qualidade para estudos estruturais, a seleção de solventes, outras formas sólidas concorrentes, como sais, eutécticos, polimorfismo, solvatos/hidratos, etc., e o aumento da escala da síntese de cocristais para o nível industrial, que têm de ser abordadas. Neste artigo, foram discutidas as questões acima referidas, relevantes do ponto de vista dos cocristais de SDs. A síntese de sólidos multicomponentes, particularmente a síntese de cocristais, de treze SDs diferentes é aqui discutida. Os SDs são candidatos ideais para a co-cristalização devido aos vários grupos funcionais presentes nas suas estruturas, que podem doar e aceitar átomos de hidrogénio durante a formação de ligações de hidrogénio com os coformadores (que é um pré-requisito para a formação de cocristais). Os SDs são capazes de formar cocristais com uma variedade de coformadores, tais como ácidos carboxílicos (mono, di e tri-carboxílicos), amidas, aminopiridinas, etc., em diferentes estequiometrias, devido à sua capacidade de apresentar tautomerização amidina-imidina, uma capacidade que lhes permite reconfigurarem-se de acordo com as exigências estruturais durante a co-cristalização. Na maioria dos seus cocristais, os SDs adoptam a configuração amidina, sendo a configuração imidina observada apenas em algumas estruturas. As moléculas contendo ácidos carboxílicos são os candidatos ideais a coformadores para a preparação de cocristais de SDs, uma vez que a interação heteromolecular entre ácidos carboxílicos, constituindo a síntese heteromérica $R^2_2(8)$, é uma das sínteses mais robustas/recorrentes na engenharia de cristais. A formação de cocristais SD na maioria dos casos pode ser antecipada antes da sua síntese, utilizando a regra ApKa. No entanto, existem algumas excepções, em que a discrepância pode dever-se aos diferentes solventes utilizados no cálculo teórico e no desenho experimental. Os cocristais de SD, na maioria das incidências, exibem melhor solubilidade e permeabilidade, comensurabilidade, estabilidade e menor higroscopicidade quando comparados com a sua forma pura, sugerindo que a co-cristalização é uma forma eficiente de melhorar as propriedades físico-químicas e farmacológicas dos SDs. Há casos, como os cocristais de SMH com ADP e SBA, que apresentam taxas de dissolução e solubilidades de equilíbrio intrínsecas menores. Isto ajudaria a uma libertação controlada ou prolongada da SMH, melhorando assim a sua atividade terapêutica ao reduzir a sua rápida eliminação sistemática in vivo. Por conseguinte, os cocristais são vantajosos em relação a outras formas sólidas, uma vez que podem aumentar ou diminuir as solubilidades dos API (através da seleção adequada de coformadores, modulando a força das ligações de hidrogénio, etc.), o que não é possível com outras formas sólidas. Os desafios/âmbitos/perspectivas futuras neste domínio são 1) Seleção de coformadores adequados para formar cocristais com SDs na estequiometria correta e com as propriedades desejadas, 2) Escalabilidade da preparação de cocristais para aplicações comerciais, 3) Aprovações regulamentares para o seu reconhecimento como medicamentos, etc.

REFERÊNCIAS

1) Petkar, P. A.; Jagtap, J. R. Uma revisão sobre o potencial antimicrobiano do andaime de sulfonamida. *IJPSR,* **2021**, 12(5), 2535-254.

2) Faraz, A.; Ameta S.C.; Talia, Y.H. Síntese de alguns novos derivados de sulfonamida e suas atividades antimicrobianas. *Jornal Asiático de Pesquisa Bioquímica e Farmacêutica*, **2016**, 6(3), 183-90.

3) Casini, A.; Scozzafava, A.; Mastrolorenzo, A.; Supuran, C.T. Sulfonamides and Sulfonylated derivatives as anticancer agents. *Current Cancer Drug Targets*, **2002**, 2(1), 55-75.

4) Stranix, B.R.; Lavall, J.F.; Vigny, G.S.; Yelle, J. Lysine sulfonamides as novel HIV-protease inhibitors: NE-Acyl aromatic -amino acids. *Bioorganic and Medicinal Chemistry Letters*, **2006**, 16(13), 3459-62.

5) Maryanoff, B.E.; Nortey, S.O.; Gardocki, J.F.; Shank, R.P.; Dodgson, S.P. Anticonvulsivante O-alquil sulfamatos 2,3: 4,5-bis-O-(1-metiletilideno)-ß- D-fructopiranose sulfamato e compostos relacionados. *Journal of Medicinal Chemistry*, **1987**, 30, 880-87.

6) Naim, M.J.; Alam, O.; Alam, M.J.; Siddiqui, N.; Naidu, V.G.; Alam, M.I. Síntese de design e ancoragem molecular de derivados de benzeno sulfonamida à base de tiazolidinediona contendo núcleo de pirazol como potenciais agentes antidiabéticos. *Química Bioorgânica*, **2018**, 76, 98-112.

7) Mi-Kyung, Y.; Yinan, W.; Zhenmei, L.; Ying, Z.; Waddell, M.B.; Ferreira, A.M.; Lee, R. E.; Donald, B.; Stephen, W. W. Catalysis and Sulfa Drug Resistance in Dihydropteroate Synthase. *Science*, **2012**, 335(6072), 1110-1114.

8) Caira, M. R. Sulfa Drugs as Model Cocrystal Formers. *Farmacêutica Molecular*, **2007**, 4(3), 310-316.

9) Qiang, Z.; Adams, C. Determinação potenciométrica de constantes de dissociação ácida (pKa) para antibióticos humanos e veterinários. *Water Res.*, **2004**, 38, 2874-2890.

10) Lin, C.-E.; Chang, C.-C.; Lin, W.-C. Comportamento de migração e separação de sulfonamidas em eletroforese de zona capilar. III. Tampão de citrato como eletrólito de fundo. *J. Chromatogr. A*, **1997**, 768,105-112.

11) Valores teóricos previstos pelo software Chemaxon https: //www.chemaxon.com.

12) Shan, H.; Vinay, K. R. C.; Davide, T.; Simon, E. L. Exploring the Crystal Structure Landscape of Sulfasalazine through Various Multicomponent Crystals. *Cryst. Growth Des.*, **2023**, 23, 5446-5461.

13) Kuthuru, S; Vasily, S. M.; Kranthi, K. N.; Elizaveta, D.; Evgeniy, L.; Ashwini, N.; Elena, V. B. Novel Synthons in Sulfamethizole Cocrystals:

Relações Estrutura-Propriedades e Solubilidade. *Cryst. Growth Des.*, **2015**, 15, 3498-3510.

14) (a) Tiwari, R. K.; Haridas, M; Singh, T. P. Structure of 4-amino-N-(4, 6-dimethyl-2-pyrimidinyl) benzenesulphonamide (sulfadimidine), $C_{12}H_{14}N_4O_2S$. *Ata Cryst.*, **1984**, C40(4), 655-657. (b) Maury, L.; Rambau, J.; Pauvert, B.; Lasserre, Y; Berge, G.; Audran, M. Estudo físico-químico e estrutural da sulfametazina. *J. Pharm. Sci.*, **1985**, 74, 422-426.

15) Ahuja, D.; Svärd, M.; Rasmuson, Â. C. Investigação de diagramas de fase sólido-líquido do co-cristal de ácido sulfametazina-salicílico. *CrystEngComm.*, **2019**, 21, 2863-2874.

16) Ahuja, D.; Bannigan, P.; Rasmuson, Â. C. Estudo de três solvatos de sulfametazina. *CrystEngComm.*, **2017**, 19(43), 6481-6488.

17) Withey, R. J.; Van Petten, G. R.; Lattau, H. F. Estudos sobre a disponibilidade fisiológica e o metabolismo das sulfonamidas. 3. Sulfa tripla. *J. Clin. Pharmacol. New Drugs*, **1972**, 12(5), 190-195.

18) Fisher, N. M.; Marsh, E.; Lazova, R. Argiria localizada na cicatriz secundária ao creme de sulfadiazina de prata. *Jornal da Academia Americana de Dermatologia*, **2003**, 49, 730-732.

19) Pedrinazzi, R. C.; Fumagalli, E. Sulfacloropiridazina no tratamento das infecções agudas do trato urinário na infância. *Minerva pediatrica*, **1960**, 12, 1342-1347.

20) Greenwood, D. Sulfonamides. Em *Antibiotic and Chemotherapy*, 9th ed., publicado por Saunders Elsevier, 2010. Publicado por Saunders Elsevier, **2010**, 337-343.

21) Livermore, D. M.; Mushtaq, S.; Warner, M.; Woodford, N. Comparative in vitro activity of sulfametrole/trimethoprim and sulfamethoxazole/trimethoprim and other agents against multiresistant Gram-negative bacteria. *J. Antimicrob. Chemother*, **2014**, 69(4), 10501056.

22) Gardner, G.; Furst, D. E. Disease-Modifying Antirheumatic Drugs. *Drugs Aging*, **1995**, 7, 420-437.

23) Ol'khovich, M. V.; Sharapova, A. V.; Blokhina, S. V.; Perlovich, G. L. Sulfasalazine: Dissolução e distribuição em meios farmaceuticamente relevantes. *J. Chem. Eng. Data*, **2016**, 62, 123-128.

24) Kerrn, M. B.; Frimodt-MOller, N.; Espersen, F. Effects of Sulfamethizole and Amdinocillin against Escherichia coli Strains (with Various Susceptibilities) in an Ascending Urinary Tract Infection Mouse Model. *Antimicrobial agents and chemotherapy,* **2003**, 47(3), 1002-1009.

25) Suresh, K.; Minkov, V. S.; Namila, K. K.; Derevyannikova, E.; Losev, E.; Nangia, A.; Boldyreva, E. V. Novel Synthons in Sulfamethizole Cocrystals:

Relações Estrutura-Propriedades e Solubilidade. *Cryst. Growth Des,* **2015**, 15, 3498- 3510.

26) Robinson, M. J.; Bondi, Jr A.; Swintosky, J. V. Sulfamethylthiadiazole: Concentração no sangue humano e dados de excreção urinária após doses orais. *J. Am. Pharm. Assoc., (Scientific ed.)*, **1996**, 47(12), 874-878.

27) Sathisaran, I.; Dalvi, S. V., Cocristais de engenharia de medicamentos pouco solúveis em água para melhorar a dissolução em meio aquoso, *Farmacêutica,* **2018**, 10 (3), 108-182.

28) Vishweshwar, P.; McMahon, J. A.; Peterson, M. L.; Hickey, M. B.; Shattock, T. R.; Zaworotko, M. J. Crystal Engineering of Pharmaceutical Co-Crystals from Polymorphic Active Pharmaceutical Ingredients. *Chem. Commun.*, **2005**, 10 (36), 4601-4603.

29) Yadav, A.V.; Shete, A.S.; Dabke, A.P.; Kulkarni, P.V.; Sakhare, S.S. Co-cristais: Uma nova abordagem para modificar as propriedades físico-químicas de ingredientes farmacêuticos activos. *Indian J. Pharm. Sci.*, **2009**, 71(4), 359370.

30) Lara-Ochoa, F.; Perez, E. Definições de cocristais. *Química Supramolecular*, **2007**,19(8), 553-557.

31) Lu, J.; Rohani, S. Síntese e caraterização preliminar do co-cristal de sulfametazina-teofilina. *J. Pharm. Sci.*, **2010**, 99(9), 40424027.

32) Trask, A.V.; Motherwell, W. D. S.; Jones, W. Pharmaceutical cocrystallization: Engenharia de um remédio para a hidratação da cafeína. *Cryst. Growth Des.*, **2005**, 5(3), 1013-1021.

33) Ghosh, S.; Bag, P. P.; Reddy, C. M. Co-cristais de Sulfametazina com alguns Ácidos Carboxílicos e Amidas: Tautomerismo Assistido por Co-Former num Ingrediente Farmacêutico Ativo e Estudo de Competição de Ligações de Hidrogénio. *Cryst. Growth Des.*, **2011**, 11(8), 3489-3503.

34) Andrew, V.T.; Motherwell, S.W.D.; Jones, W. Aumento da estabilidade física da teofilina através da co-cristalização. *Int. J. Pharm.*, **2006**, 320(1-2), 114-123.

35) Koji, S.; Noriyuki, T.; Ryusuke, T.; Yoshiki, H.; Katsuhide, Y Melhoria da dissolução e o mecanismo de melhoria da cocristalização de compostos pouco solúveis em água. *Pharm. Res.*, **2008**, 25(11), 2581-2592.

36) Sangeetha, M.; Mathammal, R. Estabelecimento das propriedades estruturais e físico-químicas melhoradas do cocristal-2-benzil amino piridina com ácido oxálico. *J. Mol. Struct.*, **2017**, 1143, 192-203.

37) Pan, X.; Zheng, Y; Chen, R.; Qiu, S.; Chen, Z.; Rao, W.; Chen, S.; You, Y; Lü, J.; Xu, L.; Guan, X. Co-cristal de Sulfametazina e Ácido p- Aminobenzóico: Estabelecimento estrutural e propriedades antibacterianas melhoradas. *Cryst.*

Growth Des., **2019**, 19(4), 2455-2460.
38) Patel, U.; Haridas, M.; Singh, T. P Estrutura do Complexo 1:1 entre 4-Amino-N-(4,6-dimetil-2-pirimidinil)- benzenossulfonamida (Sulfadimidina) e Ácido 2-Hidroxibenzóico (Ácido Salicílico). *Ata Cryst.*, **1988**, C44, 1264-1267.
39) Caira, M. R. Complexos moleculares de sulfonamidas. Parte 1. Complexos 1:1 entre sulfadimidina [4-amino-N-(4,6-dimetil-2- pirimidinil) benzenossulfonamida] e ácidos 2- e 4-aminobenzóicos. *Journal of crystallographic and spectroscopic research*, **1991**, 21(5), 641648.
40) Basak, A. K.; Mazumdar, S. K.; Chaudhuri, S. Structure of sulphamethazine [4-amino-N-(4,6-dimethyl-2-pyrimidinyl)benzene sulphonamide], $C_{12}H_{14}N_4O_2S$. *Ata Cryst.,* **1983**, C39(4), 492-494.
41) Ghosh, M.; Basak, A. K.; Mazumdar, S. K.; Sheldrick, B. Crystal and molecular structure of 4-aminoacetyl-N-p-nitrophenylsulfanilamide. *J. Crystallogr. Spectrosc. Res.*, **1989**, 19, 289-298.
42) Caira, M. R. Complexos moleculares de sulfonamidas. 2. Complexos 1:1 entre moléculas de fármacos: sulfadimidina-ácido acetilsalicílico e ácido sulfadimidina-4-aminosalicílico. *J. Crystallogr. Spectrosc. Res.*, **1992**, 22(2), 193-200.
43) Caira, M. R. ; Nassimbeni, L. R.; Wildervanck, A. F. Formação selectiva de cocristais ligados a hidrogénio entre uma sulfonamida e ácidos carboxílicos aromáticos no estado sólido. *J. Chem. Soc., Perkin Trans.,* **1995**, 2, 2213-2216.
44) Brown, C. J.; Ehrenberg, M. Anthranilic acid, $C_7H_7NO_2$, by neutron diffraction. *Ata Cryst.,* **1985**, C41(3), 441- 443.
45) Bettinetti, G.; Sardone, N. Solvato em metanol do complexo molecular 1:1 de trimetoprim e sulfadimidina. *Ata Cryst.*, **1997**, C53, 594597.
46) Giuseppetti, G.; Tadini, C.; Bettinetti, G. P.; Giordano, F.; Manna, A. L. Estrutura cristalina de um composto molecular sulfametoxazol-trimetoprim 1:1. *Farmaco Ed. Sci.,* **1980**, 35, 138-151.
47) Nakai, H.; Takasuka, M.; Shiro, M. X-ray and Infrared Spectral Studies of the Ionic Structure of Trimethoprim-Sulfamethoxazole 1:1 Molecular Complex. *J. Chem. Soc., Perkin Trans. 2,* **1984**, 9, 1459-1464.
48) Giuseppetti, G.; Tadini, C.; Bettinetti, G. P. Complexo molecular 1:1 de trimetoprim e sulfametrole. *Ata Cryst.*, **1994**, C50, 1289-1291.
49) Sardone, N.; Bettinetti, G; Sorrenti, M. Trimetoprim-Sulfadimidine 1:2 Molecular Complex Monohydrate, *Ata Cryst.*, **1997**, C53, 1295-1299.
50) Lynch, D. E.; Pardeep, A.B.; Sandhu, A.; Parsons, S. 1 : 1 Complexos moleculares de 4-Amino-N-(4,6-dimetilpirimidin-2-il) benzeno sulfonamida (Sulfametazina) com ácido indole-2-carboxílico e ácido 2,4- dinitrobenzóico. Aust. *J. Chem.*, **2000**, 53, 383-387.

51) Lu, E.; Hornedo, N. R.-; Suryanarayanan, R. Um método térmico rápido para o rastreio de cocristais. *CrystEngComm.,* **2008**, 10, 665-668.
52) Lu, J.; Aurora, J.; Cabeza, C.-; Rohani, S.; Jennings, M. C. Um cocristal de sulfametazina-teofilina 2:1 exibindo dois tautómeros de sulfametazina. *Ata Crystallographica Section C: Crystal Structure Communications*, **2011**, 67(8), o306-o309.
53) Arman, H.D.; Tiekink, E.R.T. A Doubly Interpenetrated Layer Structure in the 1:1 Cocrystal Formed Between Pyromellitic Acid and 4-Amino-N- (4,6-dimethyl- 2-pyrimidinyl)benzenesulfonamide. *J. Chem. Crystallogr.* **2013**, 43, 134-137.
54) Kumar, V.; Thaimattam, R.; Dutta, S.; Munshi, P.; Ramanan, A. Paisagem estrutural de sólidos multicomponentes baseados em drogas sulfa. *CrystEngComm.,* **2017**, 19, 2914-2924.
55) Munendra Pal, S.; Jubaraj B. B. Combinações de Formas Tautoméricas e Formas Neutro-Catiónicas nos Cocristais de Sulfametazina com Ácidos Carboxílicos. *ACS Omega,* **2019**, 4(7), 11609-11620.
56) Svärd, M.; Ahuja, D.; Rasmuson, Â. C. Determinação Calorimétrica da Estabilidade Termodinâmica de Co-Cristais - Estudo de Caso do Ácido Sulfametazina-Salicílico. *Cryst. Growth. Des.*, **2020**, 20(7), 4243-4251.
57) Scheepers, M. C.; Lemmerer, A. Síntese e Caracterização de uma Série de Cristais Multicomponentes de Sulfametazina com Vários Ácidos Benzoicos. *Cryst. Growth Des.*, **2020**, 20, 813-823.
58) Ahuja, D.; Ramisetty, K. A.; Sumanth, P K.; Crowley, C. M.; Lusi, M.; Rasmuson, Â. C. Cristalização de conversão de chorume assistida por micro-ondas para a fabricação de novos cocristais de sulfametazina e sulfamerazina, *CrystEngComm,* **2020**, 22, 1381-1394.
59) Grant, D. J. W.; Abougela, I. K. A. Interações físico-químicas em formulações farmacêuticas. *Anal. Proc.*, **1982**, 19, 545-549.
60) Davey, R.J.; Bernstein, J. Polymorphism in Molecular Crystals. *Crystal Growth & Design*, **2002**, *2*(6), 675-676.
61) Miller, S.P.; Raw, A.S.; Yu, L.X. Considerações científicas sobre o polimorfismo de sólidos farmacêuticos em aplicações regulamentares. *Polimorfismo: na Indústria Farmacêutica*, **2006**, 385403.
62) Ala' Salem, A.; Hagymasi, B. V.-H.; Safarik, T.; Balic, T.; Szabo, P.; Gosi, F.; Nagy, S.; Pal, S.; Mate, S. K.-; Szechenyi, A. Solvent dependent 4-aminosalicylic acid-sulfamethazine co-crystal polymorph control. *Jornal Europeu de Ciências Farmacêuticas,* **2021**, 156, https://doi.org/10.1016Zj.ejps.2020.105599.
63) Serrano, D.R.; Persoons, T.; D'Arcy, D.M.; Galiana, C.; Dea-Ayuela, M.A.;

Healy, A.M. Modelação e imagens de sombras da dissolução de cocristais e avaliação da atividade antimicrobiana in vitro de cocristais de sulfadimidina/4-ácido aminosalicílico. *Jornal Europeu de Ciências Farmacêuticas*, **2016**, 89, 125-136.

64) Walsh, D.; Serrano, D.R.; Worku, Z.A.; Norris, B.A.; Healy, A.M. Produção de cocristais numa matriz excipiente por secagem por pulverização. *Jornal Internacional de Farmacêutica,* **2018**, 536, 467-477.

65) Grossjohann, C.; Serrano, D.R.; Paluch, K.J.; O'Connell, P.; Vella-Zarb, L.; Manesiotis, P Polimorfismo em cocristais de sulfadimidina/ácido aminossalicílico: Caracterização do estado sólido e propriedades físico-químicas. *Jornal de Ciências Farmacêuticas*, **2015**, 104, 1385-1398.

66) Piovesan, A. Lenvatinib no carcinoma diferenciado da tiroide: a experiência italiana. *Future Oncol*, **2019**, 15 (24), 1-2.

67) Nair, A.; Lemery, S. J.; Yang, J.; Marathe, A.; Zhao, L.; Zhao, H.; Jiang, X.; He, K.; Ladouceur, G.; Mitra, A. K.; Zhou, L.; Fox, E.; Aungst, S.Helms, W.; Keegan, P.; Pazdur, R. Resumo da aprovação da FDA: Lenvatinib para cancro da tiroide diferenciado progressivo e refratário ao iodo radioativo. *Clin. Cancer Res*. **2015**, 21 (23), 5205-5208.

68) Thomas, H. Lenvatinib não inferior ao sorafenib para o carcinoma hepatocelular. *Nat. Rev. Gastroenterol. Hepatol*. **2018**, 15 (4), 190-190.

69) Studentova, H.; Vitaskova, D.; Melichar, B. Lenvatinib para o tratamento do cancro do rim. *Expert Rev. Anticancer Ther*. **2018**, 18 (6), 511518.

70) Zhu, C.; Ma, X.; Hu, Y.; Guo, L.; Chen, B.; Shen, K.; Xiao, Y Perfil de segurança e eficácia do lenvatinib na terapia do cancro - uma revisão sistemática e meta-análise, *Oncotarget,* **2016**, 7 (28), 44545-44557.

71) Subba, R. N. V.; Kumar, K. A.; Asok, N.; Mohan, P Formas cristalinas de sais de lenvatinib. WO 2017221214, 2017-12-28.

72) Subba, R. N. V.; Kumar, K. A.; Asok, N.; Mohan, P Sais de lenvatinib. WO 2017221215 2017-12-28.

73) Hong, M.; Li, S.; Ji, W.; Qi, M. H.; Ren, G. B. Cocristais de lenvatinib com sulfamerazina e ácido salicílico: Estrutura cristalina, solubilidade de equilíbrio, estudo de estabilidade e atividade anti-hepatoma. *Crystal Growth and Des.*, **2021**, 21(7), 3714-3727.

74) Elacqua, E.; Bucar, D.-K.; Henry, R. F.; Zhang, G. G. Z.; MacGillivray, L. R. Supramolecular Complexes of Sulfadiazine and Pyridines: Reconfigurable Exteriors and Chameleon-like Behavior of Tautomers at the Co-Crystal-Salt Boundary. *Cryst. Growth* and Des., **2013**, 13, 393-403.

75) Caira, M. R. Complexos moleculares de sulfonamidas. 3. Estrutura da 5-metoxissulfadiazina (Forma II) e seu complexo 1:1 com ácido acetilsalicílico.

Journal of Chemical Crystallography, **1994**, 24, 695-701.
76) Rafilovich, M.; Bernstein, J. Serendipity and Four Polymorphic Structures of Benzidine, $C_{12}H_{12}N_2$. *J. Am. Chem. Soc.*, **2006**, 128, 1218512191.
77) Radha, G.K.; Mahesha; Naveen, S.; Lokanath, N.K.; Suchetan, P.A. Uma tentativa fracassada de cocristalização resultou em uma nova primeira estrutura polimórfica: Crystal Structure and Hirshfeld Surface Analysis of the Polymorph of 4-Oxo-4-(pyridin-2-ylamino)butanoic Acid. *Asian Journal of Chemistry*, **2023**, 35(5), 1146-1152.
78) Domingos, S.; Fernandes, A.; Duarte, M. T.; Piedade, M. F. M. Novas Formas Cristalinas Multicomponentes de Sulfadimetoxina: Sulfonamidas como Participantes em Interações Supramoleculares, *Cryst. Growth and Des.,* **2016**, 16, 1879-1892.
79) Shefter, E.; Sackman, P. Structural Studies on Molecular Complexes V: Crystal Structures of Sulfathiazole-Sulfanilamide and SulfathiazoleTheophylline Complexes. *Journal of Pharmaceutical Sciences*, **1971**, 60(2), 282-286.
80) Mary, Y S.; Mary, Y. S. DFT Analysis and Molecular Docking Studies of the Cocrystals of Sulfathiazole-Theophylline and Sulfathiazole- Sulfanilamide. *Polycyclic aromatic compounds*, **2022**, 42(6), 3809-3820.
81) Wang, L.-Y; Bu, F.-Z.; Li, Y.-T.; Wu, Z.-Y.; Yan, C.-W. A SulfathiazoleAmantadine Hydrochloride Cocrystal: The First Codrug Simultaneously Compreending Antiviral and Antibacterial Components. *Cryst. Growth and Des.* **2020**, 20(5), 3236-3246.
82) Samanta, R.; Kanaujia, S.; Reddy, C M. New co-crystal and salt form of sulfathiazole with carboxylic acid and amide. *J. Chem. Sci.* **2014**, 126(5), 1363-1367.
83) Babic S.; Horvat J. M. A.; Pavlovi M. D.; Macan K. M. Determinação dos valores de pKa de ingredientes farmacêuticos activos. *TrAC Trends in Analytical Chemistry*, **2007**, 26(11), 1043-1062.
84) Yangjeh, H. A.; Jenagharad, D. M.; Nooshyar M. Previsão da constante de acidez de vários ácidos benzóicos e fenóis em água usando modelos QSPR lineares e não lineares. *Boletim da Sociedade Coreana de Química*, **2005**, 26(12), 2007-2016.
85) Etter, M. C.; Macdonald, J. C. Graph-set analysis of hydrogen-bond patterns in organic crystals. *Ata Crystallographica Section B: Structural Science*, **1990**, 46(2), 256-262.
86) Madhavi, O.; Trivedi, D. R. Ácido 4-Nitrobenzóico-sulfatiazol (1/1). *Ata Cryst.* **2014**, E70, o85-o86.
87) Wojnarska, J.; Gryl, M.; Seidler, T.; Stadnicka, K. M. Efeito da troca de substituintes na anisotropia ótica em materiais isoestruturais multicomponentes

contendo derivados de sulfatiazol e 2-aminopiridina. *Cryst. Growth and Des.* **2020**, 20(10), 6535-6544.
88) An, G.; Li, S.; Yan, X.; Yuan, Z.; Zhang, X. Fotônica de alta birrefringência filtro de polarização de fibra de cristal baseado na ressonância plasmônica de superfície. *Appl. Opt.* **2016**, 55, 1262-1266.
89) Chen, K.; Yang, Y.; Peng, G.; Yang, S.; Yan, T.; Fan, H.; Lin, Z.; Ye, N. $A_2Bi_2(SO_4)_2Cl_4$ (A = NH_4, K, Rb): alcançar um equilíbrio subtil do grande efeito de geração de segundo harmónico e birrefringência suficiente em materiais ópticos não lineares de sulfato. *J. Mater. Chem. C,* **2019**, 7, 9900-9907.
90) Cincic, D.; Friscic, T.; Jones, W. A. Estratégia baseada na cocristalização para a construção de sólidos isoestruturais. *Novo J. Chem.* **2008**, 32, 1776-1781.
91) SeethaLekshmi, S.; Amrutha, S.; Kiran, M.S.R.N.; Varughese, S. Paisagem estrutural de um fármaco antimicrobiano sulfa, a sulfacloropiridazina: Polymorphs, Solvates, and Cocrystals. *Cryst. Growth and Des.,* **2019**, 19, 3222-3232.
92) Bettinetti, G.; Caira, M. R.; Callegari, A.; Merli, M.; Sorrenti, M.; Tadini, C. Structure and Solid-State Chemistry of Anhydrous and Hydrated Crystal Forms of the Trimethoprim-Sulfamethoxypyridazine 1:1 Molecular Complex. *Journal of Pharmaceutical Sciences*, **2000**, 89(4), 478-489.
93) Zaini E.; Sumirtapura Y.C.; Soewandhi S.N.; Halim A.; Uekusa H.; Fujii K. Transformação de fase cocristalina de mistura binária de trimetoprim e sulfametoxazol pela técnica de polpa. *Asian J Pharm Clin Res.* **2010**, 3(4), 26-9.
94) Zaini, E.; Yeyet C. S.; Auzal H.; Lili F.; Sundani N. S. Formação e caraterização de cocristal de sulfametoxazol-trimetoprim por processo de moagem. *Jornal de Ciências Farmacêuticas Aplicadas,* **2017**, 7 (12), 169173.
95) Alsubaie, M.; Aljohani, M.; Erxleben, A.; McArdle, P. Formas co-cristalinas do medicamento sulfametoxazol da classe IV da BCS. *Cryst. Growth and Des.* **2018**, 18(7), 3902-3912.
96) Caira, M. R.; Bettinetti, G.; Sorrenti, M.; Catenacci, L. Enantiotropia de ordem-desordem, monotropia e isoestruturalidade em um complexo molecular de tetroxoprim-sulfametrole 1:1: Crystallographic and Thermal Studies. *Journal of Pharmaceutical Sciences*, **2003**, 92(11), 2164-2176.
97) Bettinetti, G. P.; Caira, M. R.; Sorrenti, M.; Catenacci, L.; Ghirardi, M.; Fábián, L. Thermal Studies of Solvent Exchange in Isostructural Solvates of a Tetroxoprim-Sulfametrole Complex. *Journal of Thermal Analysis and Calorimetry*, **2004**, 77, 695-708.
98) Shunje, K. N. Cristais Multicomponentes de Sulfapiridina e Sulfadiazina. *Tese de Mestrado, Universidade de Tecnologia da Península do Cabo*, **2017**.
99) Scheepers, M. C.; Lemmerer, A. In Pursuit of Multicomponent Crystals of

the Sulfa Drugs Sulfapyridine, Sulfathiazole, and Sulfamethoxazole. *Cryst. Growth and Des.* **2022**, 22, 98-122.

100) Elbakush, R. E. A, Estudo de Engenharia de Cristais de Drogas Sulfa Selecionadas e Trimetoprim. *Universidade do Cabo Ocidental: África do Sul*, **2014**.

101) Bala, M.; Gautam, M. K.; Chadha, R. Desenvolvimento de um derivado não covalente de sulfasalazina com teobromina para otimização das suas propriedades. *Inovações Pharm. Pharmacother.* **2017**, 5, 154-158.

102) S. Huang, V K. R.; Cheemarla, D.; Tiana; Lawrence, S. E. Exploring the Crystal Structure Landscape of Sulfasalazine through Various Multicomponent Crystals. *Cryst. Growth and Des.,* **2023**, 23, 5446-5461.

103) Lemke, T. L.; Williams, D. A. Foye's Principles of Medicinal Chemistry, Lippincott Williams & Wilkins: Philadelphia: **2008**, 1-1377.

104) Solubilidade do sulfametiazol, http://www.drugbank.ca/drugs/DB01015.

105) Shear, N. H.; Spielberg, S. P.; Grant, D. M.; Tang, B. K.; Kalow, W. Differences in metabolism of sulfonamides predisposing to idiosyncratic toxicity. *Ann. Int. Med.* **1986**, 105(2), 179-184.

106) Fulop, V.; Kalman, A.; Basak, A.K.; Ghosh, M; Mazumdar, S.K. Sobre as forças moleculares (contacto estreito S---O, conjugação de passagem SC6H4NH2, efeito de par solitário N e ligações de hidrogénio NH---N) observadas na estrutura cristalina do 2(4-amino-benzossulfonimido)-5-metil-3 *H-1*,3,4-tiadiazol. *J. Mol. Struct.* **1987**, 159, 303-310.

107) Sarma, B.; Nath, N. K.; Bholgala, B. R.; Nangia, A. Competição e cooperação de Synthon em sais moleculares de ácidos hidroxibenzóicos e aminopiridinas. *Crystal Growth and Des.*, **2009**, *9*(3), 1546-1557.

108) Miessler, G. L.; Tarr, D. A. Inorganic Chemistry, 3rd ed., Pearson Education. *Pearson Education: Nova Iorque*, **2004**, 167-207.

109) Bell, R. P. The Proton in Chemistry, 2nd ed., Chapman & Hall: U.K., 1973, 86-111. *Chapman & Hall:U.K.*, **1973**, 86-111.

110) Yuan, Y.; Li, D.; Wang, C.; Chen, S.; Kong, M.; Deng, Z.; Sun, C.C.; Zhang, H. Caraterísticas estruturais do sulfametiazol e seus cocristais: Beauty Within. *Cryst. Crescimento e Des.,* **2019**, 19, 7185-7192.

111) Li, D. X.; Kong, M. M.; Li, J.; Deng, Z. W.; Zhang, H. L. Síntono supramolecular de amina-carboxilato em cocristais farmacêuticos. *CrystEngComm.*, **2018**, 20, 5112-5118.

MIX
Papier aus verantwortungsvollen Quellen
Paper from responsible sources
FSC® C105338

Printed by Books on Demand GmbH, Norderstedt / Germany